Tucholsky   Wagner   Zola   Scott   Sydow
Turgenev   Wallace   Fonatne   Freud   Schlegel
Twain   Walther von der Vogelweide   Fouqué   Friedrich II. von Preußen
Weber   Freiligrath
Fechner   Fichte   Weiße Rose   von Fallersleben   Kant   Ernst   Frey
Richthofen   Frommel
Engels   Fielding   Hölderlin
Fehrs   Faber   Flaubert   Eichendorff   Tacitus   Dumas
Maximilian I. von Habsburg   Fock   Eliasberg   Ebner Eschenbach
Feuerbach   Ewald   Eliot   Zweig   Vergil
Goethe   Elisabeth von Österreich   London
Mendelssohn   Balzac   Shakespeare   Dostojewski   Ganghofer
Trackl   Lichtenberg   Rathenau   Doyle   Gjellerup
Stevenson   Tolstoi   Hambruch
Mommsen   Lenz   Droste-Hülshoff
Thoma   von Arnim   Hanrieder
Dach   Verne   Hägele   Hauff   Humboldt
Karrillon   Reuter   Rousseau   Hagen   Hauptmann   Gautier
Garschin   Defoe   Baudelaire
Damaschke   Descartes   Hebbel
Hegel   Kussmaul   Herder
Wolfram von Eschenbach   Dickens   Schopenhauer   Rilke   George
Bronner   Darwin   Melville   Grimm   Jerome
Campe   Horváth   Aristoteles   Bebel   Proust
Bismarck   Vigny   Barlach   Voltaire   Federer   Herodot
Gengenbach   Heine
Storm   Casanova   Tersteegen   Grillparzer   Georgy
Chamberlain   Lessing   Langbein   Gilm   Gryphius
Brentano   Lafontaine
Strachwitz   Claudius   Schiller   Kralik   Iffland   Sokrates
Katharina II. von Rußland   Bellamy   Schilling
Gerstäcker   Raabe   Gibbon   Tschechow
Löns   Hesse   Hoffmann   Gogol   Wilde   Vulpius
Luther   Heym   Hofmannsthal   Gleim
Roth   Klee   Hölty   Morgenstern   Goedicke
Luxemburg   Heyse   Klopstock   Puschkin   Homer   Kleist
Machiavelli   La Roche   Horaz   Mörike   Musil
Navarra   Aurel   Musset   Kierkegaard   Kraft   Kraus
Nestroy   Marie de France   Lamprecht   Kind   Kirchhoff   Hugo   Moltke
Nietzsche   Nansen   Laotse   Ipsen   Liebknecht
Marx   Lassalle   Gorki   Klett   Ringelnatz
von Ossietzky   May   vom Stein   Lawrence   Leibniz   Irving
Petalozzi   Knigge
Platon   Pückler   Michelangelo   Kock   Kafka
Sachs   Poe   Liebermann   Korolenko
de Sade   Praetorius   Mistral   Zetkin

La maison d'édition tredition, basée à Hambourg, a publié dans la série **TREDITION CLASSICS** des ouvrages anciens de plus de deux millénaires. Ils étaient pour la plupart épuisés ou uniquement disponible chez les bouquinistes.

La série est destinée à préserver la littérature et à promouvoir la culture. Elle contribue ainsi au fait que plusieurs milliers d'œuvres ne tombent plus dans l'oubli.

La figure symbolique de la série **TREDITION CLASSICS**, est Johannes Gutenberg (1400 - 1468), imprimeur et inventeur de caractères métalliques mobiles et de la presse d'impression.

Avec sa série **TREDITION CLASSICS**, tredition à comme but de mettre à disposition des milliers de classiques de la littérature mondiale dans différentes langues et de les diffuser dans le monde entier. Toutes les œuvres de cette série sont chacune disponibles en format de poche et en édition relié. Pour plus d'informations sur cette série unique de livres et sur l'éditeur tredition, visitez notre site: www.tredition.com

tredition a été créé en 2006 par Sandra Latusseck et Soenke Schulz. Basé à Hambourg, en Allemagne, tredition offre des solutions d'édition aux auteurs ainsi qu'aux maisons d'édition, en combinant à la fois édition et distribution du contenu du livre en imprimé et numérique et ce dans le monde entier. tredition est idéalement positionnée pour permettre aux auteurs et maisons d'édition de créer des livres dans leurs propres domaines et sujets sans prendre de risques de fabrication conventionnelles.

Pour plus d'informations nous vous invitons à visiter notre site: www.tredition.com

La terre et la lune forme extérieure et structure interne

P. (Pierre Henri) Puiseux

Mentions légales

Cette œuvre fait partie de la série TREDITION CLASSICS.

Auteur: P. (Pierre Henri) Puiseux
Conception de couverture: toepferschumann, Berlin (Allemagne)

Editeur: tredition GmbH, Hambourg (Allemagne)
ISBN: 978-3-8491-3095-4

www.tredition.com
www.tredition.de

Toutes les œuvres sont du domaine public en fonction du meilleur de nos connaissances et sont donc plus soumis au droit d'auteur.

L'objectif de TREDITIONS CLASSICS est de mettre à nouveau à disposition des milliers d'œuvres de classiques français, allemands et d'autres langues disponible dans un format livre. Les œuvres ont été scannés et digitalisés. Malgré tous les soins apportés, des erreurs ne peuvent pas être complètement exclues. Nos partenaires et nous même, tredition, essayons d'aboutir aux meilleurs résultats. Toutefois, si des fautes subsistent, nous vous prions de nous en excuser. L'orthographe de l'œuvre originale a été reprise sans modification. Il se peut que ce dernier diffère de l'orthographe utilisée aujourd'hui.

LA TERRE

ET

LA LUNE

FORME EXTÉRIEURE ET STRUCTURE INTERNE

D'après l'Ouvrage intitulé : *Voyage historique dans l'Amérique méridionale*,
par Don GEORGE JUAN et Don ANTOINE DE ULLOA, Amsterdam, 1752.

ÉTUDES NOUVELLES SUR L'ASTRONOMIE

Par Ch. ANDRÉ et P. PUISEUX.

LA TERRE

ET

LA LUNE

FORME EXTÉRIEURE ET STRUCTURE INTERNE

PAR

P. PUISEUX

Astronome à l'Observatoire de Paris.

1908

PREMIÈRE PARTIE

LA TERRE.

CHAPITRE I.

LA NOTION DE LA FIGURE DE LA TERRE, DE THALÈS A NEWTON.

La Physique céleste a pris naissance le jour où l'on a vu dans les astres autre chose que des points lumineux offerts en spectacle à nos regards, où ils sont apparus comme méritant une étude spéciale au point de vue de leur structure et de leur histoire. Cette étude ne pouvait être que rudimentaire et conjecturale avec les moyens d'observation dont les anciens disposaient. Une exception est à faire cependant. On a vu naître de bonne heure cette notion que la Terre est un astre, libre de se mouvoir dans l'espace, comme la Lune et le Soleil, que ses dimensions ne sont pas inaccessibles à toute mesure, qu'elles se réduiraient peut-être à bien peu de chose si nous pouvions quitter cette surface où nous sommes attachés et nous transporter à travers les espaces stellaires.

Une fois cette idée mise en avant, il est clair qu'un champ très vaste est ouvert aux observateurs. C'est au moyen d'études de détail accumulées, synthétisées, que nous pouvons acquérir sur le globe terrestre des idées d'ensemble, nous représenter sa forme exacte, formuler des données positives sur sa structure et son histoire. Toute conclusion applicable à la Terre dans sa totalité constitue un progrès pour l'Astronomie, car elle peut s'étendre dans une certaine mesure aux corps célestes et devenir ainsi une source de vérifications et d'expériences. Ainsi la Terre nous aide à comprendre le monde. Réciproquement les astres peuvent nous aider et nous aident en effet à mieux connaître la Terre, car ils nous offrent du premier coup ces aperçus généraux et intuitifs que nous n'obtenons sur notre globe qu'au prix d'un labeur prolongé. Il est clair que les apparences lointaines, considérées seules, sont plus sujettes à l'illusion; c'est donc l'étude de la Terre qui doit logiquement précéder.

Il ne semble pas qu'elle ait été abordée dans un esprit vraiment impartial et scientifique chez aucun des peuples de l'Orient. L'observation du Ciel a eu des adeptes en Chine, dans l'Inde, en Assyrie, en Égypte, à des époques très reculées. Dans tous ces pays, le calendrier, la prédiction des éclipses, les horoscopes avaient une destination utilitaire.

C'est seulement chez les auteurs grecs que nous voyons les objets célestes envisagés en eux-mêmes, et non plus seulement dans leurs relations réelles ou supposées avec l'homme.

Une remarque analogue, faite par Vivien de Saint-Martin au début de son *Histoire de la Géographie*, l'amène à conclure à l'existence d'aptitudes originelles propres à la race blanche. D'ailleurs ce que nous savons de l'état social des peuples anciens montre que les cités helléniques ont réalisé, pour la première fois peut-être, les conditions favorables à la culture désintéressée des sciences.

Les Grecs ont été un peuple navigateur. Ils ont de bonne heure colonisé en Asie et en Sicile; ils ont senti l'utilité de demander des points de repère au ciel pour s'orienter dans les traversées maritimes.

La disparition progressive des montagnes lointaines, commençant par la base, finissant par le sommet, ne leur a pas échappé. L'apparition de nouvelles étoiles, corrélative d'un déplacement de quelques degrés vers le Sud, a frappé leur attention. De plus la richesse acquise par le commerce créait une classe d'hommes affranchis de la nécessité du labeur quotidien, assurés du lendemain, libres de s'adonner aux études abstraites.

On s'explique ainsi qu'il se soit rencontré, 600 ans environ avant l'ère chrétienne, un terrain propice à l'éclosion des idées de Thalès de Milet. Les ouvrages de ce philosophe sont perdus et nous ne les connaissons que par les extraits de Diogène de Laërce. Habitant l'Ionie, il avait beaucoup voyagé; il était allé s'instruire auprès des prêtres égyptiens, alors en grande réputation de savoir et contemplateurs assidus des astres. Le premier, il paraît avoir enseigné avec succès l'isolement et la sphéricité de la Terre. Il a reconnu la vraie cause des éclipses dans l'interposition de la Lune entre la Terre et le Soleil ou de la Terre entre le Soleil et la Lune. On nous dit même qu'il avait déterminé la distance au pôle des principales étoiles de la Petite Ourse, ce qui suppose la notion de l'axe du monde et la construction d'un appareil propre à mesurer les angles. Le rapprochement de mesures semblables, faites en des localités diverses, devait, un jour ou l'autre, conduire à une valeur approchée des dimensions du globe terrestre.

Socrate, deux siècles après, jugeait encore l'entreprise bien audacieuse: «Je suis convaincu, disait-il, que la Terre est immense et que nous, qui habitons depuis le Phase jusqu'aux Colonnes d'Hercule, nous n'en occupons qu'une très petite partie, comme les fourmis autour d'un puits ou les grenouilles autour de la mer.»

Les disciples de Socrate furent moins timides. Platon professa expressément la doctrine des antipodes, dont Diogène de Laërce le considère comme l'inventeur; c'est-à-dire qu'il admet que la Terre possède une région diamétralement opposée à la nôtre, où la direction de la verticale est renversée.

Aristote est encore plus explicite. Il se range à l'opinion de Thalès, qui regarde la Terre comme un globe immobile au centre du monde. Il développe, en faveur de la sphéricité, l'argument de la silhouette projetée sur le disque de la Lune pendant les éclipses. Il note l'abaissement très sensible de l'étoile polaire sur l'horizon quand on marche du Nord au Sud. Cela prouve non seulement que la Terre est ronde, mais qu'elle n'est pas d'une grandeur démesurée. La surface terrestre n'a pas, à proprement parler, de limites. Rien n'empêche que ce soit la même mer qui baigne les Indes d'une part, les Colonnes d'Hercule de l'autre. Notons au passage cette déclaration, qui a dû être l'origine des audacieux projets de Colomb, et qui lui a permis, en tout cas, de mettre son entreprise sous le patronage révéré du philosophe stagyrite.

Des mathématiciens, auxquels Aristote fait allusion sans les nommer, attribuent à la Terre 400000 stades de tour. C'est presque deux fois trop s'il s'agit du stade olympique. Aristote paraît, au contraire, trouver cette évaluation bien faible. A ce compte, fait-il observer, on ne pourrait même pas dire que la Terre soit grande par rapport aux astres. Mais Aristote n'admet pas que la Terre soit un astre. Il écarte comme peu sérieuse l'opinion des pythagoriciens d'Italie, qui mettaient la Terre au nombre des astres et la faisaient mouvoir autour de son centre, de manière à produire l'alternance des jours et des nuits.

Il n'y avait qu'une manière de trancher la question: c'était de procéder à une mesure effective. Ce fut le principal titre de gloire d'Ératosthène, astronome et chef d'école en grande réputation à Alexandrie 200 ans avant notre ère. Il avait observé que, le jour du solstice d'été, le Soleil arrive au zénith à Syène, dans la Haute-Egypte, et que son image apparaît au fond d'un puits. Il mesure le même jour la hauteur méridienne du Soleil à Alexandrie, qu'il considère comme située sur le méridien de Syène. Le complément de cette hauteur est la différence des latitudes. Connaissant la distance et admettant la sphéricité de la Terre, il en déduit la circonférence du globe par une simple proportion.

Cette opération fut très admirée des anciens, au témoignage de Pline, et le résultat était, en effet, satisfaisant pour l'époque. Le chiffre donné, 250000 stades, aurait dû être remplacé par 246000 d'après l'évaluation la plus probable du stade employé. Maintenant comment Ératosthène savait-il qu'Alexandrie et Syène sont sur le même méridien? Comment avait-il déterminé en stades la distance des deux stations? Il est probable qu'il avait fait usage de plans cadastraux dressés depuis longtemps pour les besoins de l'administration et de l'agriculture et orientés par des observations gnomoniques. L'intérêt que les Égyptiens attachaient à une orientation exacte est d'ailleurs attesté par la construction des pyramides.

La nécessité de combiner les observations de longitude avec les mesures de latitude a été bien mise en lumière par Hipparque, le plus grand astronome de l'antiquité, qui professait à Rhodes de 165 à 125 avant notre ère. Il est l'auteur de la division du cercle en 360°, de la définition des parallèles et des méridiens, d'un système de projection plane encore employé. Le premier, il montra nettement qu'il faut s'adresser au Ciel pour connaître la forme de la Terre. Il indique le parti à tirer des éclipses pour la mesure des longitudes, et cette méthode est demeurée, en effet, la seule capable de fournir des résultats un peu exacts jusqu'à l'invention des lunettes. Il établit que la valeur d'une carte est subordonnée à la détermination astronomique des deux coordonnées (longitude et latitude) des principaux points. Et, pour faciliter ces déterminations, il calcule des Tables d'éclipses et de hauteurs du Soleil.

Hipparque ne trouva malheureusement pas de successeurs capables de réaliser le programme si judicieux qu'il avait tracé. Les conditions d'exactitude d'une mesure astronomique furent complètement méconnues par Posidonius, disciple d'Hipparque, qui entreprit de recommencer la détermination d'Ératosthène. Les stations choisies furent Alexandrie et Rhodes. La différence de latitude résultait de cette remarque que l'étoile Canopus ne fait que paraître sur l'horizon de Rhodes, au lieu qu'elle s'élève de 7°, 5 sur l'horizon d'Alexandrie. C'était un tort déjà d'utiliser des observations faites à l'horizon plutôt qu'au zénith. C'en était un autre de choisir deux stations séparées par la mer et dont la distance linéaire ne pouvait être que grossièrement évaluée. Enfin Rhodes est encore moins exactement que Syène sur le méridien d'Alexandrie et l'on ne dit pas comment il a été tenu compte de la différence de longitude. Malgré cela la détermination de Posidonius, telle qu'elle nous est rapportée par Cléomède dans son *Abrégé de la sphère*, donne encore un résultat meilleur que l'on n'aurait été fondé à l'espérer: 240000 stades.

Le géographe Strabon (20 ans après J.-C.) entreprit de corriger le calcul de Cléomède en se fondant sur une autre évaluation, d'ailleurs conjecturale, de la distance d'Alexandrie à Rhodes. Cette fois le résultat fut beaucoup plus inexact, 180000 stades seulement. C'est un exemple d'une de ces corrections malheureuses, dont l'histoire des sciences offre plus d'un exemple. Mais il en est peu qui aient trouvé un si long crédit. Bien des siècles devaient se passer avant qu'elle ne fût rectifiée. Dès cette époque, du reste, bien avant les invasions des barbares ou la révolution religieuse qui a transformé le vieux monde, il est aisé de voir que la science grecque est en décadence. Les préjugés vulgaires reprennent de l'empire, même sur les hommes instruits. Posidonius trouve nécessaire de se transporter au bord de l'océan Atlantique (qu'il appelle *mer extérieure*), pour s'assurer si l'on n'entend pas le sifflement du Soleil plongeant dans la mer. Strabon admet bien la sphéricité de la Terre, mais il croit que la zone torride est inhabitable à cause de la chaleur excessive qui y règne. De l'autre côté se trouve une autre zone habitée, mais toute communication avec ces peuples lointains nous est interdite. Pline laisse voir une préférence pour la doctrine des antipodes et l'isolement de la Terre, mais il est préoccupé plus que de raison des objections populaires. Si la Terre est isolée dans l'espace, se demande-t-il, pourquoi ne tombe-t-elle pas? Sans doute parce qu'elle ne saurait pas où tomber, étant à elle-même son propre centre.

Ptolémée (140 ans après J.-C.) a passé longtemps, mais sans titre bien établi, pour le représentant le plus distingué de l'Astronomie ancienne. Son Ouvrage, publié à Alexandrie, porte le nom de *Construction ou syntaxe mathématique*. Il est plus connu sous le nom d'*Almageste*, que lui ont donné les traducteurs arabes. Nous signalerons seulement dans son uvre ce qui a trait à la mesure de la Terre. Il se propose de réaliser le plan de géographie mathématique ébauché par Hipparque, de dresser la Carte du monde connu, en s'appuyant sur toutes les déterminations de latitude et de longitude qu'il pourra rassembler, et prenant pour méridien origine celui d'Alexandrie. L'intention est louable, mais l'exécution très défectueuse. Ptolémée manque complètement d'esprit critique dans le choix des matériaux nombreux qu'il rassemble et commet de graves confusions dans les unités de mesure.

Des siècles se passeront avant que l'oeuvre de Ptolémée soit reprise. Les guerres civiles, les invasions, les bouleversements politiques détournent de plus en plus les esprits de la culture paisible de la Science. L'éloquence qui donne le pouvoir, le mysticisme qui console des cruelles réalités de la vie font délaisser les recherches physiques. Il est curieux de noter, à cet égard, le langage des écrivains appelés à exercer par la suite le plus d'influence sur les esprits. Ainsi Lactance, dans ses *Institutions divines*, considère la notion des antipodes comme une mauvaise plaisanterie des savants, qui exercent volontiers leur esprit sur des thèses invraisemblables. Saint Augustin, dans la *Cité de Dieu*, ne rejette pas absolument la sphéricité de la Terre, mais il ajoute: «Quant à ce qu'on dit qu'il y a des antipodes, c'est-à-dire des hommes dont les pieds sont opposés aux nôtres, et qui habitent cette partie de la Terre où le Soleil se lève quand il se couche pour nous, il n'en faut rien croire; aussi n'avance-t-on cela sur le rapport d'aucune histoire, mais sur des conjectures et des raisonnements, parce que, la Terre étant suspendue en l'air et ronde, on s'imagine que la partie qui est sous nos pieds n'est pas sans habitants.

»Mais on ne considère pas que, lors même qu'on démontrerait que la Terre est ronde, il ne s'ensuivrait pas que la partie qui nous est opposée n'est pas couverte d'eau. Et d'ailleurs, quand elle ne le serait pas, quelle nécessité y aurait-il qu'elle fût habitée? D'une part, l'Écriture dit que tous les hommes viennent d'Adam et elle ne peut mentir; d'autre part, il y a trop d'absurdité à dire que les hommes auraient traversé une si vaste étendue de mer pour aller peupler cette autre partie du monde.»

Les scrupules de saint Augustin étaient, nous le savons, mal fondés; mais cette tendance à subordonner les sciences de la nature à des considérations morales, à opposer des textes révérés, mais mal compris, aux résultats des recherches physiques, va dominer à peu près sans conteste pendant le moyen âge tout entier.

Il y eut cependant une renaissance appréciable des études astronomiques chez les Arabes sous l'influence des auteurs grecs. Al-Mamoun, calife de Bagdad, de 813 à 832, s'intéressait vivement aux choses du Ciel. On dit que, vainqueur de l'empereur de Constantinople, il lui imposa, comme condition de la paix, la remise d'un manuscrit de l'*Almageste*. Ce qui est certain, c'est qu'il fit traduire Ptolémée et ordonna la mesure d'un arc de méridien. Il y eut deux opérations distinctes quoique simultanées, l'une dans la plaine de Sindjar en Mésopotamie, l'autre en Syrie. Voici comment la première est rapportée par Aboulféda: «Les envoyés se divisèrent en deux groupes; les uns s'avancèrent vers le Pôle Nord, les autres vers le Sud, marchant dans la direction la plus droite qu'il fût possible, jusqu'à ce que le Pôle Nord se fût élevé de 1° pour ceux qui marchaient vers le Nord et abaissé de 1° pour ceux qui s'avançaient vers le Sud. Alors ils revinrent au lieu d'où ils étaient partis, et, quand on compara leurs observations, il se trouva que les uns avaient avancé de 56 milles 1/3, les autres de 56 milles sans aucune fraction. On s'accorda pour adopter la quantité la plus grande, celle de 56 milles 1/3.»

D'après les conjectures les plus probables sur la valeur du mille employé, ce résultat est plus loin de la vérité que celui d'Eratosthène. Il ne semble pas qu'on se soit arrêté à la différence constatée, qui aurait pu faire soupçonner que la Terre n'était pas exactement sphérique. Les astronomes arabes n'ont pas persévéré dans la voie qui s'offrait à eux. Ils se sont attachés à l'observation des éclipses, au calcul des positions géographiques. Les catalogues d'Aboul Nasan (XIIIe siècle), de Nasir-Ed-Dîn, d'Oulough-Beg, prince de Samarkand au XVe siècle, marquent un progrès considérable sur les positions de Ptolémée.

Ce mouvement ne fut suivi en Occident que d'assez loin, au fur et à mesure de ce qu'exigeaient les progrès de la Navigation. Christophe Colomb, persuadé de la rondeur de la Terre par ses voyages au long cours et par la lecture des anciens, adoptait pour la circonférence terrestre la fausse évaluation de Strabon, pour la différence de longitude entre l'Europe et l'Inde une estimation plus fausse encore. Aussi prévoyait-il que, pour rejoindre les Indes par l'Ouest, il aurait seulement 1100 lieues de mer à franchir. Heureuse erreur, car, s'il eût mis en avant le vrai chiffre, qui est de 3000 au moins, il n'eût trouvé personne pour tenter l'aventure avec lui. On sait quelle peine Colomb eut à faire accepter ses vues par une assemblée composée des hommes les plus éclairés de l'Espagne.

Quoi qu'il en soit, l'éclatant succès de Colomb, et bientôt après le retour des compagnons de Magellan, mirent la rondeur de la Terre au-dessus de toute discussion, et il ne se trouva plus personne pour opposer à la réalité des antipodes l'autorité de Lactance ou de saint Augustin.

Mais le fait qu'une confusion avait pu se produire entre les Indes orientales et les Indes occidentales, si éloignées en longitude, montrait la nécessité de reprendre le calcul du rayon terrestre. Une tentative intéressante fut faite dans ce sens, en 1528, par le médecin Fernel. Il mesura la différence des hauteurs du pôle sur l'horizon de Paris et sur l'horizon d'Amiens. Pour évaluer la distance, il avait simplement fixé un compteur à une roue de sa voiture. Le résultat publié par lui est assez exact, mais ce moyen grossier ne pouvait évidemment inspirer beaucoup de confiance.

Le Hollandais Snellius posa en 1615 le véritable principe des mesures géodésiques et en fit l'application dans la plaine de Leyde. Il est expliqué dans son Ouvrage: *De la grandeur de la Terre*, publié en 1617, avec le sous-titre: «L'Eratosthène batave». Snellius est le premier qui ait eu recours à la triangulation. Aux deux extrémités d'une base soigneusement mesurée en terrain plat, il détermine les azimuts de deux signaux bien visibles, reconnaissables à distance, et se prêtant l'un et l'autre à l'installation d'un instrument propre à mesurer les angles. La distance qui sépare ces deux signaux peut être calculée. On la prend comme base d'un nouveau triangle, et ainsi de suite jusqu'à une station finale dont la latitude est, comme celle du point de départ, déterminée par les méthodes astronomiques. Dans un pays plat, tel que la Hollande, il est possible de conserver aux triangles des dimensions modérées, de façon qu'ils puissent être traités comme rectilignes. On garde aussi la faculté d'orienter la chaîne des triangles sur le méridien, de façon qu'un même astre passe simultanément au méridien des stations extrêmes.

Il est facile aujourd'hui d'apercevoir des points faibles dans les opérations de Snellius. La base effectivement mesurée est trop petite (631 toises). Il y a des angles trop aigus dans les triangles et peut-être, de l'aveu de l'auteur, des erreurs dans l'identification à distance des points employés comme stations. La valeur annoncée pour le degré de latitude (55100 toises) est notablement trop petite. Snellius mourut sans avoir pu revoir ses calculs. Faits avec plus de soin, ils auraient donné, d'après Muschenbroek, 57033 toises, chiffre assez rapproché de la vérité.

Une opération analogue, faite quelques années après par le P. Riccioli en Italie, est, à tous les points de vue, défectueuse. La base mesurée n'a que 1094 pas. Plusieurs angles sont fort aigus et sont conclus par le calcul au lieu d'être observés. Aux résultats de la triangulation, Riccioli propose à tort de substituer: soit la mesure de la dépression de l'horizon en un lieu d'altitude connue, soit la mesure des hauteurs apparentes mutuelles de deux points d'altitude connue.

Ces deux méthodes sont sans valeur pratique à cause de la petitesse des angles qui interviennent et de l'incertitude des réfractions terrestres. Riccioli se flatte d'éliminer ces causes d'erreur en observant vers le Midi, dans des lieux fort élevés, par des jours sereins. C'est une dangereuse illusion. Le chiffre donné (62250 toises au degré) s'écarte plus de la vérité, en sens contraire, que celui de Snellius.

La première triangulation vraiment entourée de garanties est celle de Picard en 1671. La base, mesurée près de Juvisy, avec des règles de bois alignées au cordeau, a 5663 toises. L'arc total s'étend de Malvoisine, au sud de Paris, à Sourdon, près d'Amiens. Les distances zénithales méridiennes, mesurées avec un quadrant, sont différentielles, c'est-à-dire indépendantes de l'erreur d'index, de la déclinaison de l'étoile et, dans une grande mesure, de l'erreur d'excentricité. Le parallélisme de la lunette au plan du limbe est soigneusement vérifié par une méthode dont Picard est l'inventeur. La méridienne est tracée par l'observation des hauteurs égales d'un même astre; elle est contrôlée par des observations de digressions de la Polaire, d'éclipses de satellites de Jupiter ou d'éclipses de Lune. Il y a, en somme, fort peu à reprendre dans les observations de Picard, et les défauts qu'on y relève ne lui sont guère imputables. La construction des instruments est évidemment plus grossière que celle des théodolites modernes. Les signaux naturels, arbres ou clochers, sont utilisés par économie. Il est ordinairement impossible de placer l'instrument au point même que l'on a visé. D'où la nécessité de réductions au centre, toujours pénibles et incertaines.

L'opération de Picard avait été entreprise sous les auspices de l'Académie des Sciences récemment fondée. En même temps des missions scientifiques étaient envoyées au Sénégal, à la Guyane, aux Antilles. Dans les instructions remises aux observateurs, il leur était recommandé de s'assurer si l'intensité de la pesanteur ne variait pas d'un lieu à l'autre. Richer, qui observait à Cayenne, annonça en 1672 que le pendule à secondes, emporté de Paris, devait être raccourci pour osciller dans le même temps à Cayenne. En d'autres termes, l'intensité de la pesanteur diminue quand on se rapproche de l'équateur.

Personne assurément ne songe à placer Picard et Richer, observateurs judicieux et exacts, sur le même rang que Newton. Il doit nous être permis cependant de constater avec quelque fierté que les Communications de nos compatriotes, faites en 1671 et 1672 à l'Académie des Sciences de Paris, ont exercé une influence décisive sur l'éclosion des idées contenues dans le livre immortel des *Principes de la Philosophie naturelle.*

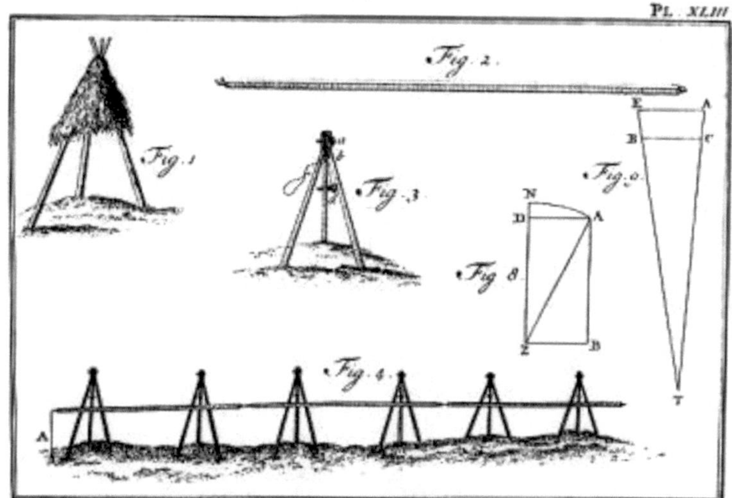

Dispositions adoptées au XVIIIᵉ siècle pour la mesure des bases.

D'après l'Ouvrage intitulé : *Voyage historique dans l'Amérique méridionale*,
par Don George Juan et Don Antonio de Ulloa. Amsterdam, 1752.

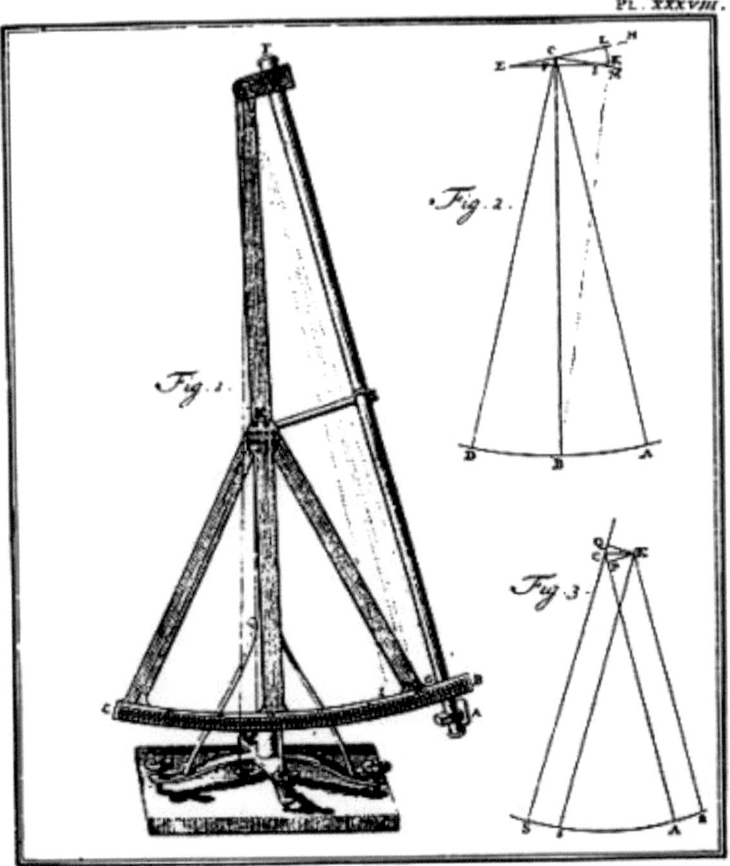

Instrument employé au XVIIIe siècle pour la mesure des hauteurs des astres.

Vers 1660, paraît-il, Newton avait conçu la pensée que la même force qui dévie les projectiles de la ligne droite retient aussi la Lune dans son orbite. Il avait tenté de faire une comparaison numérique en admettant que cette force, dirigée vers le centre de la Terre, varie en raison inverse du carré de la distance, mais il était parti d'une valeur très inexacte du rayon terrestre. Les résultats étaient discordants. Newton renonça à suivre les conséquences de cette idée. Il reprit son calcul quand il connut le résultat de Picard: cette fois, la concordance était parfaite. Newton en fut si ému qu'il ne put vérifier lui-même son travail et dut recourir à l'obligeance d'un ami.

De même, quand il connut le résultat de Richer, Newton fut amené à penser, avant toute mesure, que la Terre ne devait pas être sphérique, mais aplatie vers les pôles. S'il en est ainsi, les points de l'équateur seront plus loin du centre, et par suite moins attirés que les pôles.

Il est vrai que, même si l'on suppose la Terre sphérique, la pesanteur doit subir une diminution appréciable à l'équateur du fait de la rotation. Cette diminution, Newton est en mesure de l'évaluer par le même raisonnement qui l'a conduit à la découverte de l'attraction universelle. Il traite le mouvement diurne comme un mouvement absolu et applique les principes de Galilée: indépendance de l'effet d'une force par rapport au mouvement du point d'application, proportionnalité des forces aux chemins parcourus dans un même temps. Soient R le rayon équatorial, ω l'angle, en unité trigonométrique, dont tourne la Terre en une seconde. Un corps qui demeure en repos relatif à l'équateur se rapproche du centre à partir de la trajectoire rectiligne qui résulterait de sa vitesse acquise. Cette déviation, en 1 seconde, a pour valeur approchée $R\omega^2/2$.

Le même corps, libre d'obéir à l'attraction terrestre, tomberait vers le centre, en 1 seconde, d'une quantité que l'on représente par $g/2$, et que fait connaître l'observation du pendule. La fraction de la pesanteur qui s'emploie à maintenir le corps à la surface, sans le presser, est donc $\varphi = R\omega^2/2 : g/2 = R\omega^2/g$. Les mesures de Picard et de Richer donnent pour la valeur de ce rapport $\varphi = 1/289$.

Cette diminution apparente de la pesanteur a son maximum à l'équateur et s'évanouit progressivement quand on se rapproche du pôle. Mais, du moment que la pesanteur apparente à la surface est variable, il n'y a plus de probabilité pour que cette surface soit exactement sphérique, et il faut qu'elle s'aplatisse pour satisfaire aux conditions d'équilibre d'une masse fluide homogène.

On peut tenter de vérifier la plus apparente au moins de ces conditions en prenant comme figure extérieure un ellipsoïde de révolution. Soient CA un rayon équatorial, CB le rayon polaire. Newton prend arbitrairement CB/CA = 100/101. L'aplatissement ε est, par définition, 1/101. Le rapport des attractions du corps entier sur les points A et B est 500/501. Deux canaux liquides rectilignes, dirigés suivant CA et CB, exerceront sur le centre des pressions qui seront dans le rapport 101/100 x 500/501 = 505/501. Il est nécessaire pour l'équilibre que la force centrifuge rétablisse l'égalité, en réduisant les attractions exercées dans le plan de l'équateur dans la proportion de 4/505 ou (4/5)ε. Réciproquement, on peut poser ε = (5/4)φ, et cette relation doit subsister tant que l'aplatissement reste faible. Or, l'expérience a donné φ = 1/289. On en déduit ε = 1/230. Cette méthode de calcul s'étend aux autres planètes pourvu qu'on les suppose homogènes, qu'elles aient des satellites et des diamètres apparents mesurables.

Dans les deux premières éditions du Livre des *Principes*, Newton dit que l'hypothèse d'une densité croissante vers le centre donnerait un aplatissement plus fort. C'est une erreur corrigée dans la troisième édition.

Newton ne possède pas les formules d'attraction, aujourd'hui courantes, des ellipsoïdes homogènes. Il y supplée par des tâtonnements et des artifices géométriques. Il arrive ainsi à reconnaître que, de l'équateur au pôle, l'accroissement de la pesanteur apparente est proportionnel au carré du sinus de la latitude. Laplace dit que ce résultat est donné sans démonstration. En réalité la preuve est ébauchée, et les développements que Newton fonde sur cette loi montrent qu'il l'envisageait autrement que comme une simple conjecture.

On parvient ainsi à représenter assez bien les observations pendulaires des savants français, faites à Paris, Gorée et Cayenne. Il semble cependant que la décroissance de la pesanteur vers l'équateur soit plus prononcée que la formule ne l'indique. Cet écart fait présumer ou une densité croissante vers le centre, ou un aplatissement plus fort. Nous savons aujourd'hui que c'est la première hypothèse qui est la vraie. Notons encore au passage cette opinion hardie que l'aplatissement pourra être mieux déterminé par les observations du pendule que par les mesures d'arc de méridien.

Pour apprécier le très haut mérite de l'oeuvre de Newton, il faut, par un coup d'oeil jeté sur la littérature scientifique du temps, se rendre compte combien le champ parcouru par lui était alors inexploré; combien les idées qu'il a défendues ont eu de peine à s'imposer aux plus distingués de ses contemporains, comme Huygens ou Bernoulli. Entre ces fertiles et brillants esprits, Newton apparaît comme le moins asservi à ses propres conceptions, comme le plus prompt à se soumettre à la décision des faits. Il ne s'est pas perdu en doutes stériles sur la réalité des forces, en discussions métaphysiques sur le caractère relatif de tout mouvement observé. Il a été de l'avant sur des hypothèses qu'il savait inexactes, mais qui renfermaient un appel implicite à l'expérience. C'est en interrogeant la nature avec une docilité constante que Newton a obtenu la plus riche moisson qu'il ait jamais été donné à un homme de science de recueillir.

CHAPITRE II.

L'APLATISSEMENT DU GLOBE.
ESSAIS DE THÉORIE MATHÉMATIQUE DE LA FIGURE DE LA TERRE.

Trois ans après l'apparition du Livre des *Principes*, Christian Huygens publiait, à Leyde, son *Traité de la lumière, avec un discours sur la cause de la pesanteur*. La première Partie de l'Ouvrage est mémorable comme posant les bases de la théorie ondulatoire de la lumière. Les idées de Huygens sur la cause de la pesanteur se rattachent à la théorie des tourbillons de Descartes et offrent aujourd'hui pour nous moins d'intérêt. Pour le savant hollandais, la gravité reste une puissance occulte inhérente au centre du globe. Cela revient à supposer toute la masse de la Terre réunie en un seul point. Même dans cette hypothèse erronée, l'aplatissement apparaît comme une conséquence de la fluidité primitive. Huygens formule ce principe fécond: «La surface des mers est, en chacun de ses points, normale à la direction de la pesanteur», et il en déduit pour l'aplatissement du globe le chiffre 1/578, pas même la moitié de ce que Newton avait trouvé dans l'hypothèse d'un globe homogène, soumis dans toutes ses parties à l'attraction universelle.

La réalité de l'aplatissement était mise en doute aussi bien que sa valeur. Thomas Burnet, théologien anglais, lui opposait des raisons qui nous semblent aujourd'hui n'avoir rien de scientifique. Eisenschmidt, mathématicien allemand, formulait une objection d'un caractère plus grave. Réunissant les mesures connues du degré terrestre, il trouvait que leur valeur linéaire va en croissant vers l'équateur, et il en déduisait, correctement du reste, que la Terre est allongée vers les pôles[1].

> **Note 1:** (retour) Eisenschmidt, *Dissertation de la figure de la Terre*. Strasbourg, 1691.

Cassini, adoptant cette conclusion, entreprit de la vérifier. Il aurait fallu, pour le faire d'une façon probante, mesurer deux arcs de méridien séparés en latitude par un grand espace. On pensa qu'il suffirait de relier par une chaîne de triangles Dunkerque à Perpignan, et que la comparaison des degrés au nord et au sud de Paris trancherait la question. Cette opération importante est décrite dans l'Ouvrage intitulé: *De la grandeur et de la figure de la Terre*, Paris, 1720. Le degré moyen fut trouvé égal à 56960 toises au Nord, à 57097 toises au Sud, ce qui donne raison à Eisenschmidt contre Newton et indique un allongement de 1/95. Mais il est reconnu aujourd'hui que de graves erreurs s'étaient glissées dans la mesure de l'arc du Sud et que le chiffre final repose sur une base des plus fragiles.

Considérant ce résultat comme établi, Mairan entreprit de le justifier théoriquement[2]. Il déploie beaucoup d'ingéniosité pour mettre en doute la fluidité primitive de la Terre. Ne peut-elle pas, dit-il, avoir été primitivement allongée? Alors la force centrifuge n'aurait fait que diminuer l'allongement sans le détruire. Reste à concilier la forme oblongue avec l'augmentation constatée de la pesanteur vers le pôle. Mairan forge dans ce but une loi compliquée, faisant varier la pesanteur en raison inverse du produit des rayons de courbure principaux en chaque point de la surface.

> **Note 2:** (retour) Mairan, *Recherches géométriques sur la diminution des degrés en allant de l'équateur vers les pôles*. Paris, 1720.

24

Newton accordait, avec raison, peu de crédit aux chiffres de Cassini, comme aux raisonnements de Mairan. Dans la troisième édition de son Ouvrage, parue l'année qui précéda sa mort (1726), il maintient la position qu'il avait prise concernant la figure de la Terre. Mais, sous l'influence d'un amour-propre national mal placé, l'opinion publique en France se prononçait fortement pour Cassini. Celui-ci, d'ailleurs, annonçait de nouvelles vérifications. La mesure d'un arc de parallèle par Brest, Paris et Strasbourg, exécutée en collaboration avec Maraldi, de 1730 à 1734, lui semblait décisive. «Ces observations, disait le commissaire de l'Académie, se sont trouvées si favorables au sphéroïde allongé que M. Cassini a eu la modération de ne pas vouloir en tirer tout l'avantage qu'il eût pu à la rigueur et de s'en retrancher une partie.» En réalité, la démonstration est plus faible encore que celle qui se fonde sur l'arc de méridien.

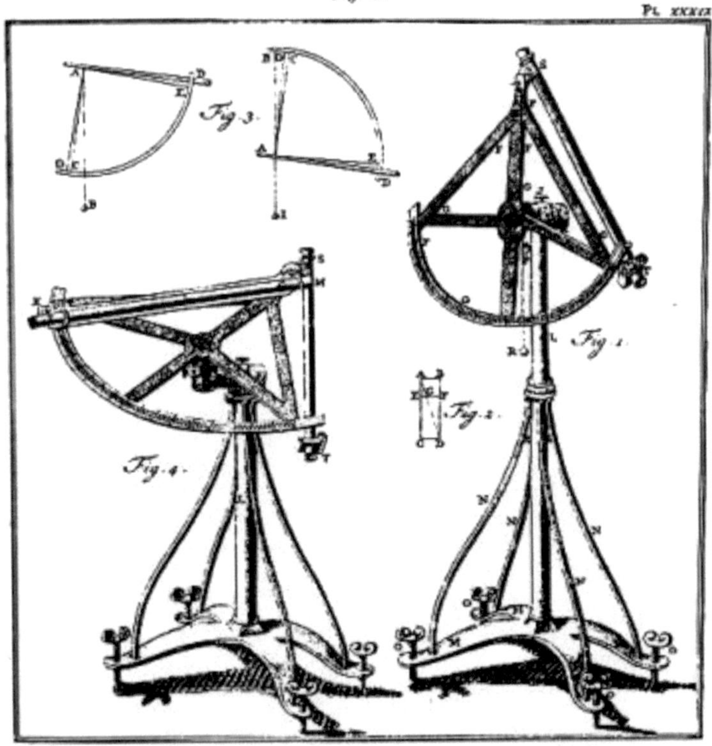

Instrument employé au XVIIIe siècle pour la mesure des angles géodésiques.

Jean Bernoulli, qui s'était déjà trouvé en conflit avec Newton dans une controverse célèbre, concourait en 1734 pour un prix de l'Académie des Sciences de Paris. Pour cette double raison, il devait incliner vers l'opinion qui dominait en France. Aussi le voyons-nous s'écrier pour conclure: «Après cette heureuse conformité de notre théorie avec les observations célestes, peut-on plus longtemps refuser à la Terre la figure du sphéroïde oblong, fondée d'ailleurs sur la discussion des degrés de la méridienne, entreprise et exécutée par le même M. Cassini avec une exactitude inconcevable?»[3].

Note 3: (retour) Todhunter, *A history of the mathematical theories of attraction and the figure of the earth*,
1873.

A cela un disciple de Newton, Désaguliers, répondait qu'aucune
loi d'attraction, aucune distribution de densité à l'intérieur ne pouvait se concilier avec l'ellipsoïde allongé. C'était aller trop loin.
Clairaut montra depuis qu'avec un noyau solide d'une forme convenable l'ellipsoïde allongé pourrait être figure d'équilibre. D'autre
part, l'Anglais Childrey estimait que la Terre devait être allongée
parce qu'il tombe annuellement sur les pôles plus de neige que le
Soleil n'en peut fondre. C'était méconnaître l'influence de la marche
des glaciers et de la dérive des banquises.

La thèse de Newton trouvait d'ailleurs des partisans distingués,
même en France. En 1720, un écrit anonyme parut sous le titre: *Examen désintéressé des diverses opinions concernant la figure de la Terre*.
Sous couleur de rapporter impartialement les arguments pour et
contre, il faisait bonne justice des prétentions de Cassini à une exactitude supérieure. L'auteur dissimulé de l'Ouvrage était Maupertuis,
académicien et homme du monde, bien reçu chez les grands et en
rivalité avec Cassini. En 1732, il publia, sous son nom cette fois, un
Discours des différentes figures des astres. Il y commente et justifie avec
intelligence les résultats de Newton. Il montre comment la mesure
de deux arcs de méridien éloignés est nécessaire pour déduire des
valeurs un peu sûres des demi-axes de l'ellipse.

Sous l'impression produite par le Livre de Maupertuis, l'Académie des Sciences résolut de procéder à une expérience décisive.
Deux expéditions furent organisées. L'une devait se rendre au Pérou, l'autre en Laponie. En vue de la mesure des bases, on comman-
da au même artiste, Langlois, deux règles de fer aussi égales que
possible, connues depuis sous les noms de *toise du Pérou et de toise
du Nord*.

Cercle méridien portatif de Brünner employé pour la mesure des latitudes
dans le Service géographique de l'Armée française.

Maupertuis, désigné comme chef de l'expédition de Laponie, se
mit en route en avril 1736. Il emmenait avec lui Clairaut, Camus,
Lemonnier fils, l'abbé Outhier; Celsius, professeur d'Astronomie à
Upsal, se joignit à eux. Deux relations nous sont parvenues, écrites,
l'une par Maupertuis, l'autre par l'abbé Outhier. Elles se complètent
utilement sur plus d'un point. Les triangulations et les visées as-

tronomiques, contrariées par les marécages, les moustiques, la brume autour des sommets, la rigueur du climat, furent cependant menées à bien dans l'été et l'automne de 1736. On mesura une base de 7406 toises sur la glace d'un fleuve et l'on s'installa pour le reste de l'hiver dans le village de Tornea, enseveli sous la neige. Les calculs, mis au net, donnaient 57 422 toises au degré. La comparaison avec l'arc français portait l'aplatissement à 1/178, chiffre supérieur à celui que Newton avait prévu. En tout cas, aucun doute ne pouvait subsister sur sa réalité. «On tint la chose secrète, dit Maupertuis, tant pour se donner le loisir de la réflexion sur une chose peu attendue que pour avoir le plaisir d'en apporter à Paris la première nouvelle.»

Fig. 5.

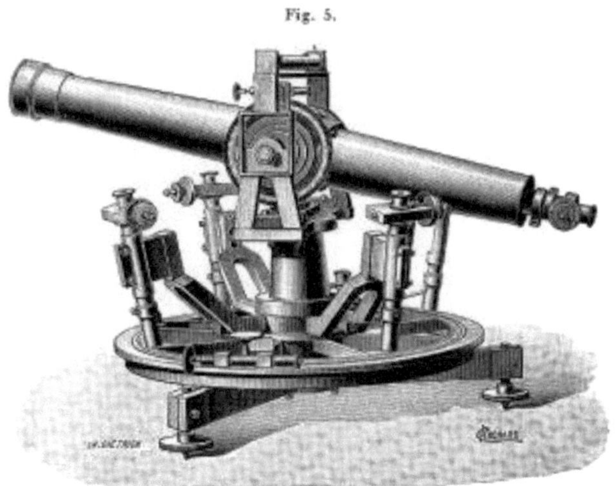

Cercle azimutal de Brünner, employé dans le Service géographique de l'Armée française.

Le départ eut lieu en juin 1737. Au moment de l'embarquement, un accident survint. Les instruments tombèrent à la mer et ne purent être repêchés que déjà endommagés par la rouille. On doit reconnaître aussi que toutes les vérifications désirables n'avaient pas été faites et leur omission donna lieu, de la part des amis de Cassini, à quelques critiques justifiées.

La mission du Pérou comprenait Godin, Bouguer, La Condamine, plusieurs auxiliaires. Elle s'adjoignit ultérieurement deux officiers espagnols, George Juan et Antonio de Ulloa. Godin, le plus ancien académicien, était le chef nominal.

Le départ eut lieu à La Rochelle, le 16 mai 1735, près d'un an avant celui des académiciens du Nord. Mais l'expédition devait durer bien davantage et les résultats ne furent élucidés que longtemps après. On n'avait pas encore mesuré un degré de latitude sur trois quand les nouvelles d'Europe apprirent le retour et le succès des académiciens du Nord, partis les derniers.

Ce retard tenait à bien des causes et n'avait pas été sans quelque profit pour la Science. On avait fait escale à la Martinique, à Saint-Domingue; on avait entrepris des recherches sur la réfraction, sur le pendule. C'est à Saint-Domingue que Bouguer imagina et fit réaliser le pendule invariable. On arriva à Quito le 13 juin 1736; mais à partir de ce moment des difficultés sans nombre surgirent, occasionnées par le climat inconstant du pays, son caractère montueux, l'impossibilité d'obtenir un concours efficace des autorités espagnoles et des indigènes et aussi, on doit le dire, par le défaut d'entente des observateurs. Chacun d'eux s'appliquait à garder le plus possible le secret de ses chiffres et à dissimuler dans ses opérations ce qui pouvait donner prise à la critique. Il fut fait, en réalité, deux triangulations distinctes et trois relations furent publiées, dues respectivement à Bouguer, à La Condamine et aux officiers espagnols. Nous devons à cette circonstance de connaître divers détails qu'un rapport fait en commun eût laissés dans l'ombre et qui sont utiles pour apprécier l'exactitude du résultat final. Cette critique a été faite d'une manière pénétrante par Delambre dans un travail demeuré longtemps inédit et que M. Bigourdan a eu le mérite de mettre en lumière[4].

Note 4: (retour) G. Bigourdan, *Sur diverses mesures d'arc de méridien, faites dans la première moitié du XVIIIe siècle (Bulletin astronomique, t. XVIII, p. 320).*

Bouguer et La Condamine s'étaient promis de ne point faire connaître au public les déterminations astronomiques exécutées en premier lieu, reconnues plus tard défectueuses, et qu'il avait été nécessaire de recommencer. Mais La Condamine, écrivain facile, causeur brillant et intarissable, était l'homme du monde le moins propre à tenir strictement un engagement de ce genre. Les trois académiciens, rentrés en France en 1744, 1745 et 1751, mirent le public au courant de leurs aventures et de leurs travaux. Bouguer publia en 1752 une *Justification des Mémoires de l'Académie*, pour se plaindre des indiscrétions de son collègue. Une vive polémique s'ouvrit et ne se termina que par la mort d'un des adversaires.

Signal de Saint-Antoine, pylône en briques,
construit pour le Service géographique de l'Armée.

Ces querelles personnelles ont perdu de leur intérêt aujourd'hui, et ne doivent pas nous empêcher d'accorder, aux uns comme aux autres, le tribut d'éloges qui leur est dû. Les missionnaires du Pérou, pas plus que ceux de Laponie, n'ont dit le dernier mot sur la question ardue de la forme de la Terre. Ils ont, au prix d'efforts et de travaux méritoires, mis hors de doute la réalité de l'aplatissement. Pour la valeur du degré de latitude à l'équateur, Bouguer donne 56 736 toises, La Condamine 56 714 toises, les officiers espagnols trouvent 56 768 toises. Adoptons le premier résultat, qui tient le milieu entre les deux autres. Combiné avec le degré du Nord, il donne l'aplatissement 1/223, plus fort que celui de Newton. La correction aurait dû, nous ne pouvons en douter aujourd'hui, être faite en sens contraire. On arrive au chiffre plus vraisemblable 1/324 si l'on substitue aux données de Maupertuis celles d'une mission suédoise qui opéra sur le même terrain de 1801 à 1803 sous la direction de Svanberg. L'arc du Pérou fait aussi l'objet d'une revision qui s'exécute en ce moment par les soins du gouvernement français. Tant que les résultats n'en seront pas publiés, les travaux des académiciens du XVIIIe siècle resteront un élément essentiel dans notre connaissance des dimensions du globe terrestre. Il faut en dire autant d'un arc de méridien mesuré vers la même époque par Lacaille dans le voisinage du cap de Bonne-Espérance, repris au siècle suivant par Maclear et Airy, et que l'intervention du gouvernement anglais promet d'étendre bientôt à travers l'Afrique australe tout entière.

Fig. 7.

Mesure d'une base géodésique avec une règle monométallique.

La règle est installée sous un abri, que l'on enlève par portions
pour le reconstruire plus loin. Elle est enfermée dans une auge
qui assure l'uniformité de la température et visée à ses deux
extrémités à l'aide de microscopes.

D'importantes recherches théoriques s'accomplissaient, vers la même époque, dans la voie ouverte par Newton. Mac Laurin, dans son *Traité des fluxions*, publié en 1742, résolut le problème de l'attraction d'un ellipsoïde homogène de révolution sur un point intérieur quelconque. Il démontra que l'ellipsoïde aplati est une figure d'équilibre pour une masse fluide homogène tournant autour du petit axe avec une vitesse convenable.

Les *Mathematical dissertations* de Thomas Simpson, parues en 1743, établissent l'existence d'une vitesse angulaire limite, au delà de laquelle l'équilibre relatif est impossible. Elles montrent que deux ellipsoïdes différents peuvent répondre à une même vitesse angulaire.

Tant que les recherches mathématiques n'avaient pour objet que des corps homogènes, on pouvait douter qu'elles fussent susceptibles d'une application utile aux planètes. Clairaut fut le premier à s'engager avec succès dans la voie difficile de l'attraction d'un ellipsoïde hétérogène. Sa *Théorie de la figure de la Terre* (1743), où se déploie un talent analytique de premier ordre, demeure sur bien des points un modèle qui n'a guère été dépassé. Clairaut suppose que les surfaces d'égale densité sont, aussi bien que la surface extérieure, des ellipsoïdes de révolution autour d'un même axe, mais il laisse arbitraire la loi de variation de densité, aussi bien que la loi de variation d'ellipticité d'une couche à l'autre. Il admet seulement (ce qui est d'ailleurs fort vraisemblable) que, d'une couche à l'autre, la densité augmente toujours quand on se rapproche du centre.

Partant de ces hypothèses, Clairaut démontre tout une série de lois remarquables. Appelons:

a, b les demi-axes d'une couche quelconque, ρ la densité correspondante;

e l'ellipticité (b-a)/a de cette même couche;

e_1 l'ellipticité de la surface externe;

φ le rapport de la force centrifuge à la pesanteur équatoriale sur la surface externe;

g_e la pesanteur à l'équateur;

g la pesanteur à la latitude Ψ. On trouve alors:

Première loi.--Les ellipticités vont toujours en croissant de la surface au centre.

Deuxième loi.--Le rapport e/a^3 prend des valeurs croissantes de la surface au centre.

Troisième loi.--Si l'on pose n = (5/2)φ - e_1, on peut écrire approximativement

$$g = g_e(1 + n \sin^2 \Psi).$$

Quatrième loi.--L'ellipticité e_1 de la surface externe est toujours comprise entre $\varphi/2$ et $5\varphi/4$.

Cinquième loi.--Si l'on regarde e et ρ comme des fonctions inconnues de a, on peut écrire une équation différentielle qui relie ces deux fonctions, et qui devient intégrable si l'on adopte pour ρ certaines formes simples en fonction de a^5.

Note 5: (retour) Nous renverrons, pour la démonstration de ces propriétés, au *Traité de Mécanique céleste* de Tisserand, t. II.

Les trois dernières lois sont précieuses en ce qu'elles ont lieu pour toute distribution des matériaux à l'intérieur, sous la réserve que cette distribution rentre dans les hypothèses, d'ailleurs passablement larges et souples, de Clairaut. Il n'est pas toutefois démontré, ni même probable que la constitution du globe terrestre s'y conforme rigoureusement. Une infraction à ces lois, établie par l'expérience, ne serait donc pas un paradoxe mathématique.

Ces mêmes lois sont approximatives, et s'obtiennent en négligeant la seconde puissance de l'ellipticité. On peut se permettre cette simplification pour la Terre et pour la Lune. Il est plus difficile de s'en contenter pour Jupiter ou Saturne. Dans un Mémoire inséré aux *Annales de l'Observatoire de Paris*, t. XIX, Callandreau a montré comment les énoncés des lois de Clairaut devraient être complétés pour ces deux planètes.

La troisième loi confirme et précise l'énoncé de Newton, concernant la variation de la pesanteur à la surface. Elle montre comment la forme du globe pourrait être connue exactement par les seules mesures du pendule, s'il ne fallait pas compter avec les anomalies locales.

La limite inférieure de l'ellipticité, donnée par la quatrième loi, correspond à l'aplatissement de Huygens et à la concentration de toute la masse en un seul point. La limite supérieure conduit à l'aplatissement de Newton et à l'homogénéité de toute la masse.

Cette quatrième loi se vérifie pour la Terre, Jupiter et Saturne, c'est-à-dire pour les astres où la durée de rotation et l'ellipticité sont l'une et l'autre mesurables. En ce qui concerne le Soleil, Mercure, Vénus, la Lune et Mars, les deux limites de Clairaut font seulement prévoir une ellipticité insensible, ce qui est encore conforme à l'observation. Il n'y a pas là, évidemment, une démonstration précise, mais une présomption sérieuse pour considérer la théorie de Clairaut comme exacte dans ses grandes lignes.

Transport des abris pour la mesure d'une base.
(Expédition française dans la République de l'Équateur,
sous la direction du Colonel BOURGEOIS.)

CHAPITRE III.

RÉSULTATS GÉNÉRAUX DES MESURES GÉODÉSIQUES.
VARIATIONS OBSERVÉES DE LA PESANTEUR A LA SURFACE.

En décidant l'adoption d'une unité de longueur fondée sur les dimensions du globe terrestre, la Convention nationale donna une impulsion puissante et durable aux études géodésiques. De cette époque datent les perfectionnements apportés par Gambey dans la division des cercles, par Borda dans l'emploi du théodolite et la mesure des bases par les règles bimétalliques. La méthode des moindres carrés, la théorie de la compensation des mesures surabondantes allaient bientôt aussi entrer dans la pratique à la suite des mémorables travaux de Gauss et de Bessel.

Des nécessités pratiques aisées à comprendre avaient fait reposer la valeur du mètre sur les mesures de Delambre et de Méchain, mesures un peu hâtives et n'embrassant pas encore toute l'étendue désirable en latitude. Mais, quand l'exemple donné par la France eut été suivi dans les pays étrangers avec un succès croissant, quand des chaînes de triangles eurent été tracées à travers les vastes plaines de la Russie et de l'Inde, il devint clair que la complexité du problème dépassait ce que l'on avait d'abord présumé.

Les méthodes de calcul fondées sur la comparaison de deux arcs seulement supposent en effet:

1º Que sur un même méridien l'arc d'un degré croît régulièrement de l'équateur au pôle;

2º Que sur deux méridiens différents les arcs d'un degré, pris à la même latitude, ont même longueur;

3º Que cette longueur est la même, à latitude égale, dans l'hémisphère boréal et dans l'hémisphère austral.

Or ces propriétés n'appartiennent qu'à une catégorie restreinte de surfaces. Elles ne peuvent être réalisées exactement pour la figure apparente de la Terre, hérissée d'inégalités et sujette à mille changements avec le temps. Le point de départ de la géodésie consiste à définir une surface idéale, assez simple pour se prêter au calcul, assez voisine de la surface réelle pour que l'on puisse rapporter sans erreur chaque point de la surface réelle à un point correspondant de la surface idéale ou *surface géodésique*.

Abri de campagne pour le cercle méridien.
(Expédition française dans la République de l'Équateur.)

On pourrait être tenté d'adopter une sphère, à cause de la simplicité qui en résulterait pour les calculs. Les raisonnements de Newton, confirmés par les mesures d'arc des académiciens français, font prévoir que la sphère choisie, quel qu'en soit le rayon, s'écartera trop de la surface réelle, et que la correspondance point par point ne pourra être établie avec certitude.

On se rapprochera davantage de la surface réelle si l'on adopte comme surface géodésique un ellipsoïde de révolution. On pourra prendre pour valeurs des demi-axes soit celles que suggère la dynamique dans l'hypothèse de l'homogénéité, soit celles qui mettent d'accord, dans la théorie de Clairaut, deux mesures de la pesanteur faites à des latitudes différentes, soit enfin celles qui mettent d'accord les valeurs linéaires du degré mesurées sous deux latitudes différentes.

Ce dernier choix, qui ne suppose rien sur la constitution intérieure, sera sans doute jugé le plus rationnel. Mais du moment que l'on dispose de plus de deux arcs de méridien ou de plus de deux mesures de pesanteur, il faut s'attendre à ce que les observations soient imparfaitement représentées, peut-être même à ce qu'on soit obligé de leur imputer des erreurs inadmissibles. En prenant pour surface géodésique un ellipsoïde à trois axes inégaux, on disposera de deux paramètres de plus, mais cet expédient entraînera dans les calculs une complication plus grande, et jusqu'à ce jour il n'a pas été trouvé avantageux d'y recourir.

La définition de la latitude, de la longitude, de l'altitude par rapport à l'ellipsoïde de révolution ne comporte aucune difficulté. Mais ces grandeurs ne sont pas directement mesurables: on peut au contraire définir les coordonnées géographiques d'un point de la surface réelle de telle manière qu'elles deviennent accessibles à l'observation. Ainsi l'on appelle *latitude* l'angle de la verticale avec l'équateur ou le complément de l'angle de la verticale avec l'axe du monde. Pour direction de l'axe du monde, on adopte le milieu des digressions d'une circumpolaire en hauteur et en azimut. On a ainsi, très sensiblement, l'axe instantané de rotation du globe terrestre. Cet axe n'est pas fixe par rapport aux étoiles, puisqu'il éprouve les mouvements de précession et de nutation. On ne peut affirmer qu'il soit fixe par rapport au globe terrestre, mais son excursion totale ne dépasse pas quelques mètres. Enfin la verticale elle-même peut changer de direction, dans une faible mesure, sous l'influence des variations météorologiques, de la dérive des glaces polaires, de la circulation du fluide interne. On ne peut donc pas compter, d'une manière absolue, sur l'invariabilité des latitudes géographiques.

De même, le méridien en un point étant défini par la direction de la verticale et par celle de l'axe instantané de rotation du globe terrestre, on ne doit pas se flatter que les différences de longitude soient invariables, ni que la variation de l'angle horaire d'une étoile soit rigoureusement proportionnelle au temps. Mais des opérations classiques et d'une exécution assez rapide permettront toujours d'installer un instrument dans le méridien et de comparer la marche d'une pendule à celle du Ciel. On s'est demandé s'il n'y aurait pas avantage, pour la définition des coordonnées géographiques et de l'heure, à remplacer l'axe instantané de rotation par l'axe principal d'inertie, qui s'en écarte toujours très peu et qui a plus de chances de demeurer fixe par rapport à des repères terrestres. Ce système, bien que soutenu avec talent par Folie, ancien directeur de l'Observatoire d'Uccle, n'a pas prévalu, et les astronomes sont demeurés fidèles aux définitions anciennes. La réforme, en effet, pourrait ne pas atteindre son but à cause des fluctuations de la verticale; et, ce qui est plus grave, la latitude et la longitude cesseraient d'être des points d'observation, toujours vérifiables et n'impliquant aucune hypothèse sur la constitution du globe, pour devenir des résultats de calcul. Rien n'indique, en effet, par rapport aux étoiles, la situation de l'axe principal d'inertie. Il faut la déduire de la théorie du mouvement de la Terre autour de son centre de gravité, théorie nécessairement imparfaite, en raison de l'ignorance où nous sommes de la constitution intérieure du globe et des changements qui peuvent s'y accomplir.

Fig. 10.

Montage d'un abri pour les observations géodésiques.
(Expédition française dans la République de l'Équateur.)

L'altitude est également susceptible de deux définitions différentes. On serait tenté d'appeler ainsi la longueur interceptée sur la
verticale, à partir du lieu d'observation, par la surface géodésique,
c'est-à-dire par l'ellipsoïde de révolution qui satisfait le mieux à
l'ensemble des mesures d'arc. Malheureusement cet ellipsoïde est,
lui aussi, un être fictif, un résultat de calcul, et l'on n'aperçoit pas à
première vue la possibilité de s'y rattacher par des opérations physiques.

Fig. 11.

Établissement d'un signal pour les visées géodésiques.
Expédition française dans la République de l'Équateur.)

Le point de départ naturel pour la mesure des hauteurs est la
surface moyenne des mers, obtenue en faisant abstraction des dénivellations accidentelles ou périodiques produites par les vents et les
marées. Cette surface coïnciderait avec l'ellipsoïde de Newton si la
Terre était homogène, avec l'ellipsoïde de Clairaut si la constitution
intérieure du globe était régulière. Mais elle doit avant tout satis-

faire à une exigence qui exclut toute possibilité de définition analytique. Elle doit être une surface de niveau pour l'ensemble des forces qui agissent sur le globe terrestre, y compris la force centrifuge, l'attraction des continents et des montagnes. Cette surface, appelée *géoïde*, peut être prolongée à travers les terres en vertu de sa définition mécanique. Les parties saillantes, surtout si elles sont formées de roches denses, dévient le fil à plomb et provoquent un renflement du géoïde, en sorte que celui-ci reproduit, dans une mesure atténuée, les inégalités de la surface réelle. Quand on exécute des nivellements de proche en proche à partir du rivage de la mer, c'est par rapport au géoïde que l'on détermine les altitudes des stations successives. La pesanteur au niveau de la mer étant variable, deux surfaces de niveau ne sont pas séparées partout par une même distance sur la normale commune. Il serait donc rationnel de prendre comme mesure de l'altitude finale non pas la somme des échelons verticaux franchis dans les divers nivellements, mais la somme des travaux négatifs accomplis par la pesanteur. A cette condition seulement, tous les points d'une surface de niveau quelconque auront des altitudes exprimées par le même chiffre. Mais, jusqu'à présent, cette distinction ne présente guère qu'un intérêt théorique.

Mesure des bases à l'aide des fils de métal invar de M. C.-E. Guillaume.
Mise en place d'un repère mobile.

Quand on exécute une chaîne de triangles, on réduit les angles à l'horizon et l'on ramène la valeur linéaire de la base au niveau de la mer. Cela revient à reporter sur le géoïde les constructions faites, avec la supposition tacite que la verticale de chaque station, prolongée jusqu'au géoïde, le rencontrerait encore normalement. Sauf peut-être l'arc du Pérou, aucune des triangulations exécutées jusqu'à ce jour ne traverse un pays assez montueux ou assez élevé pour mettre cette hypothèse en défaut. Tout cheminement exécuté avec le théodolite et le niveau donne, le long d'une ligne déterminée, l'écart de la surface réelle et du géoïde. Les observations astronomiques associées relient aux directions fixes fournies par les étoiles les verticales des diverses stations. Elles permettent, en conséquence, de construire une section soit de la surface réelle, soit du géoïde. Avec une série de sections parallèles, on peut établir un modèle en relief. Quand ce travail aura été fait pour la plus grande partie du globe terrestre, on pourra dire quelle est la surface géodésique, à définition simple, qu'il convient d'adopter comme se rapprochant le plus du géoïde.

Il s'en faut de beaucoup, à l'heure présente, que ce vaste programme soit réalisé. En laissant de côté les irrégularités locales, on ne trouve pas de difficulté insurmontable pour placer sur une même ellipse les différents arcs de méridien mesurés. La concordance, toutefois, est médiocre, et l'on ne doit pas espérer, dans la détermination de l'aplatissement, une précision très élevée. Delambre et Méchain l'évaluaient à 1/334 d'après l'ensemble des triangulations effectuées à la fin du XVIIIe siècle. Bessel, en 1837, a proposé 1/299,5; Clarke, en 1880, 1/(293,5 ± 1,1). L'erreur probable indiquée est sans doute trop faible, car deux seulement des arcs utilisés, de petite étendue, tombent dans l'hémisphère austral, et la symétrie par rapport à l'équateur n'est point démontrée ni même vraisemblable d'après la distribution des continents. Les valeurs correspondantes du demi petit axe et du demi grand axe sont respectivement, en kilomètres, 6356,607 et 6378,284. Le moment approche, à ce qu'il semble, où la discussion de Clarke pourrait être reprise avec avantage. Depuis, l'arc anglo-français a reçu une extension considérable par la jonction de l'Algérie et de l'Espagne. D'importantes triangulations ont été reprises ou inaugurées au Spitzberg, au Canada, au Pérou, dans l'Afrique australe. Ces travaux, dont une Association géodésique internationale encourage le développement, doivent être considérés comme ayant pour but de faire connaître les irrégularités du géoïde, plutôt qu'une valeur plus exacte de l'aplatissement. Alors même que tous les arcs de méridien mesurés seraient applicables sur une même ellipse, il resterait à démontrer que toutes ces ellipses ont même centre, que les lieux des points d'égale latitude sont plans et de courbure uniforme. Ce dernier point ne peut être élucidé que par des mesures suffisamment nombreuses d'arcs de parallèle, accompagnées de déterminations de longitudes très précises.

Le doute à ce sujet est d'autant plus permis que l'aplatissement proposé par Clarke, tenant le milieu entre les deux chiffres que suggèrent les recherches de Mécanique céleste d'une part, les mesures de la pesanteur de l'autre, ne concorde d'une manière vraiment satisfaisante ni avec l'un ni avec l'autre.

**Mesure des bases à l'aide des fils de métal invar.
Alignement des repères mobiles.**

Les mesures de la pesanteur, fondées sur l'observation du pendule, offrent sur les opérations géodésiques l'avantage de pouvoir s'exécuter sur toute l'étendue des continents, dans les régions montagneuses les plus âpres, et jusque dans les îles semées au milieu des mers. Elles se prêtent donc à une répartition plus égale entre les deux hémisphères et entre les diverses latitudes. La troisième loi de Clairaut permettrait, à la rigueur, de déduire l'aplatissement superficiel de deux mesures de pesanteur seulement, exécutées l'une près de l'équateur, l'autre dans les régions polaires. Par la combinaison d'un plus grand nombre de résultats, on atténuera l'effet des erreurs d'observation et des anomalies locales. En suivant cette marche, de Freycinet a trouvé, pour l'inverse de l'aplatissement, 286,2; Sabine, 284,4; Foster, 289,5; Clarke, en 1880, 292,4. Tous ces aplatissements sont, on le voit, plus forts que ceux qui résultent des triangulations. Dans ces dernières années, on a trouvé le moyen d'effectuer des mesures suffisamment précises, même en pleine mer. Sans doute l'observation du pendule demeure impraticable à bord des navires, mais on y supplée par la lecture simultanée du point thermométrique d'ébullition de l'eau et de la colonne barométrique. La première lecture donne en effet, pour la pression atmosphérique, une évaluation indépendante de l'intensité de la pesanteur, au lieu que la seconde en est affectée d'une manière sensible.

Fig. 14.

Mesure de l'intervalle de deux repères mobiles à l'aide d'un fil de métal invar. Le fil, dont la portée est de 24ᵐ, est tendu par deux poids de 10ᵏᵍ. L'emploi de ces fils, comparé à celui des règles métalliques, réduit le temps et la dépense exigés par la mesure des bases dans la proportion de 10 à 1, sans nuire sensiblement à la précision.

L'observation du pendule présente encore sur les mesures d'arc l'avantage de se rapporter à une localité précise, et par suite se prête mieux à l'étude des irrégularités locales. En pays de plaine, la variation de la gravité avec la latitude suit assez bien les prévisions de la théorie. Mais le voisinage de la mer ou des montagnes donne ordinairement lieu à des surprises. Des hypothèses vraisemblables sur la densité des masses montagneuses avaient fait penser aux géodésiens que le niveau de la mer pourrait être relevé d'un millier de mètres, dans le voisinage des côtes, par l'attraction des continents.

Les travaux récents de M. Helmert, fondés principalement sur l'observation du pendule dans les Alpes, montrent que cette estimation est exagérée. Entre le géoïde et l'ellipsoïde de révolution qui s'en rapproche le plus, l'écart ne doit nulle part dépasser 200m. C'est peu en comparaison des inégalités de la surface réelle, qui atteignent 9km de part et d'autre du niveau des mers, et sont par suite du même ordre de grandeur que la différence des rayons polaires et équatoriaux. Il y a donc une influence cachée qui diminue l'attraction des parties saillantes et augmente l'attraction des parties creuses. Cette remarque est importante, comme nous le verrons dans un des Chapitres suivants, pour l'étude de la structure interne. Mais, avant d'entrer dans ce sujet difficile, il est à propos de jeter un coup d'oeil d'ensemble sur le relief actuel et de résumer l'enseignement qu'il peut nous offrir.

CHAPITRE IV.

LES GRANDS TRAITS DU RELIEF TERRESTRE
ET LE DESSIN GÉOGRAPHIQUE.

L'inspection d'un globe terrestre suggère de diviser la surface de notre planète en deux parties: l'une recouverte d'eau et plus voisine du centre que le géoïde ou surface moyenne des mers, l'autre émergée et plus éloignée de ce même centre.

Ces deux parties sont, à tous les points de vue, bien loin d'être équivalentes. Non seulement les océans l'emportent par l'étendue, mais leur profondeur moyenne, 4000m environ, surpasse de beaucoup l'altitude moyenne des terres émergées, altitude qui ne dépasse pas 700m. Si le niveau des océans s'abaissait de 2300m, on obtiendrait ce que les géographes appellent la *surface d'équidéformation*; les nouvelles lignes de rivage opéreraient une répartition plus juste; les terres émergées formeraient alors la partie du globe que l'on doit considérer comme saillante et les océans ne recouvriraient plus que la partie déprimée, de même volume que la première (*Pl. I*).

Il est digne d'attention que le dessin actuel des continents ne serait pas, dans cette hypothèse, profondément transformé. On verrait l'Asie s'agrandir par l'Est, en s'annexant les archipels des Kouriles, du Japon, des Philippines, plus encore au Sud-Est, où elle engloberait les îles de la Sonde et de l'Australie. L'Europe s'augmenterait au Nord-Ouest d'une terre nouvelle qui fermerait l'Atlantique au Nord en réunissant à la Grande-Bretagne l'Islande et le Groenland. On verrait apparaître dans l'axe de l'Atlantique deux grandes îles longitudinales jalonnées de foyers volcaniques. Ces changements exceptés, on peut dire que les grandes masses continentales et les grandes dépressions océaniques conserveraient à peu près leur importance et leur situation relatives.

Mais, pas plus dans l'état nouveau que dans l'état actuel, on ne verrait apparaître l'égalité ou la symétrie entre les deux hémisphères. Il y a deux fois plus de terres émergées au nord de l'équateur qu'au sud. Leur importance va toujours croissant, dans l'hémisphère boréal, depuis l'équateur jusqu'au cercle polaire. Dans l'hémisphère austral elle va en diminuant de l'équateur jusque vers le cinquantième degré de latitude, où la mer règne à peu près sans partage. Les terres se montrent de nouveau dans les hautes latitudes antarctiques et forment une masse continentale importante autour du pôle Sud, au lieu que le pôle Nord est occupé par une mer profonde, comme l'a montré l'exploration de Nansen.

Un même parallèle, en général, traverse aussi bien des bassins profonds que des plateaux élevés. On ne peut donc pas considérer l'altitude comme étant une fonction de la latitude; il n'y a point accumulation spéciale des terres vers les pôles ni vers l'équateur et la croûte solide participe, tout aussi bien que la mer, à l'aplatissement géodésique. On ne peut pas non plus rattacher simplement l'altitude à la longitude, en regardant la surface comme formée de fuseaux alternativement soulevés et déprimés. Toutefois cette représentation serait déjà plus près de la réalité. Les masses continentales, et plus encore les presqu'îles, ont tendance à se développer dans le sens Nord-Sud plutôt que dans le sens Est-Ouest.

Le contraste noté tout à l'heure entre les calottes polaires rentre dans une loi plus générale. Le relief ne manifeste pas une distribution symétrique autour d'un centre, mais au contraire une opposition diamétrale des dépressions aux saillies et *vice versa*. Ainsi le centre du continent asiatique a pour antipode le centre de l'océan Pacifique. Que l'on décrive sur un globe terrestre un grand cercle ayant son pôle dans l'Europe occidentale, on limitera un hémisphère où il y aura presque égalité entre la terre et la mer, pendant que, pour l'hémisphère opposé, le rapport correspondant sera seulement 1/8,3. Si l'on considère les surfaces continentales du premier hémisphère, on trouve que le vingtième seulement de leur surface a pour antipodes des terres émergées.

Cette circonstance témoigne, tout aussi bien que l'aplatissement, en faveur de la fluidité primitive de la Terre. Elle montre que, au moins à une certaine époque, les pressions ont pu se répartir et se transmettre à travers toute la masse du Globe avec une certaine liberté. On pourrait être tenté de voir dans le même fait une infraction au principe posé par Newton, concernant l'égalité des pressions exercées au centre par diverses colonnes liquides. Il semble, en effet, que la pesanteur doit reprendre la même valeur en des points symétriques par rapport au centre, en sorte que l'équivalence des pressions exige l'égalité des altitudes. Mais cette conséquence n'est forcée que si l'on suppose la Terre homogène, et l'inégale densité des matériaux du globe terrestre peut aisément compenser une différence de longueur, d'ailleurs relativement faible.

Après l'abaissement fictif que nous avons fait subir au niveau des mers pour obtenir la surface d'équidéformation, le groupement des terres émergées rentre plus exactement dans une formule simple. On peut dire qu'elles se rattachent à trois masses principales, situées dans l'hémisphère Nord, qui prennent leur plus grande extension vers le 60e degré de latitude nord, vont en s'amincissant vers le Sud, disparaissent, et se retrouvent soudées ensemble vers le pôle austral. Ces trois masses continentales ont respectivement leurs centres dans la Scandinavie, la Sibérie orientale, la région du lac des Esclaves, c'est-à-dire qu'elles sont espacées de 120° en longitude. La séparation admise ici entre l'Europe et la Sibérie orientale semblera peut-être quelque peu fictive. Elle se justifie par l'existence d'une dépression qui, tout en n'étant pas occupée par la mer, n'en est pas moins très marquée et très étendue. D'ailleurs ces trois régions constituent des plateaux archéens, émergés de longue date et qui ont joui à travers les périodes géologiques d'une stabilité presque complète.

Les extensions données à l'Europe au Nord-Ouest, à l'Asie au Sud-Est se justifient non seulement par le relevé des profondeurs marines, mais par la Géologie historique. La répartition des espèces végétales et animales dans les îles, la nature des dépôts ramenés par les sondages, montrent que ces portions de mer peu profondes, rattachées aux continents actuels, ont été effectivement émergées à une époque où la vie était déjà répandue à la surface de la Terre.

Il est à remarquer que l'Australie, considérée comme prolongement péninsulaire de l'Asie, l'Afrique considérée comme annexe du plateau Scandinave, n'admettent point le même méridien central que la masse continentale dont on fait dépendre chacune d'elles. L'une et l'autre sont déviées fortement du côté de l'Est: une différence de même sens et non moins marquée existe, en longitude, entre l'Amérique du Nord et l'Amérique du Sud.

La liaison des péninsules australes aux continents est imparfaite et le rétrécissement des terres émergées, quand on marche du Nord au Sud, ne se fait pas d'une manière continue. Il existe en effet une zone transversale de rupture à peu près parallèle à l'équateur et située à quelque distance au nord de celui-ci.

Le long de cette zone on voit s'enchaîner des bassins approximativement circulaires, bordés de hautes montagnes ou de cassures récentes. Ce sont des régions instables, sujettes aux éruptions ou aux tremblements de terre. On les nomme les *fosses méditerranéennes*, parce que le fossé qui sépare l'Europe de l'Afrique en fournit les exemples les mieux caractérisés et les mieux connus. Il faut y joindre les chotts Sahariens, la Mer Noire, la Mer Morte, la dépression Arabo-Caspienne, celle du Turkestan chinois, les mers du Mexique et des Antilles.

On doit à Lowthian Green d'avoir donné un énoncé géométrique embrassant ces divers faits. Il suffit de considérer les centres des trois masses continentales de l'hémisphère Nord comme les sommets d'un tétraèdre régulier inscrit dans la sphère, et dont le quatrième sommet tomberait au pôle antarctique. Les arêtes et notamment les parties voisines des sommets, correspondront alors à des régions saillantes, les centres des faces aux points de plus grande dépression. On peut aussi déplacer les sommets du tétraèdre de quantités égales sur des droites partant du centre, de manière à faire grandir le solide en le laissant semblable à lui-même. Quand son volume sera devenu équivalent à celui de la sphère, les pointements qui apparaîtront en dehors de la sphère représenteront approximativement les continents. On reconnaît sans peine qu'ils seront élargis au Nord, allongés en pointe vers le Sud, que leur développement sera maximum vers le 60e degré de latitude Nord, pendant que les mers auront leur plus grande extension d'une part au pôle Nord, de l'autre vers le 55e degré de latitude australe (*Pl. II*).

L'accord avec les faits est assez remarquable pour engager à la recherche d'une explication physique. La Terre, dans son ensemble, montrerait une tendance à se déformer, à partir d'un ellipsoïde de révolution, pour se rapprocher de l'aspect extérieur d'un tétraèdre régulier. Or on peut citer des expériences où cette déformation s'accomplit, pour ainsi dire, spontanément. Un tube cylindrique de caoutchouc, quand la pression du milieu ambiant augmente, prend une section triangulaire: un ballon de verre où l'on a fait le vide et que l'on échauffe à la température de ramollissement du verre se déprime en quatre points situés à 120 degrés les uns des autres. L'expérience réussit encore avec un ballon sphérique de caoutchouc que l'on dégonfle progressivement. Dans ces divers cas la déformation est imposée parce que le volume de l'enceinte diminue proportionnellement plus vite que la superficie de l'enveloppe. Il y a lieu de penser que le même conflit doit se produire dans le refroidissement d'une planète primitivement fluide et qui s'enveloppe d'une croûte, suivant la conception de Descartes. La surface de cette enveloppe peu conductrice arrive assez vite à la température d'équilibre qu'elle doit prendre sous l'influence des rayons solaires. A partir de ce moment toute la déperdition de chaleur se fait aux dépens de la masse interne, qui se contracte par suite plus que l'écorce, et, comme celle-ci n'est pas assez tenace pour se soutenir sans appui, la conservation de la forme sphérique est impossible.

Maintenant la déformation a-t-elle comme terme nécessaire un tétraèdre? On a invoqué, pour le démontrer, soit le principe de la moindre action, soit le principe de la conservation de l'énergie. On fait valoir que, la sphère ayant la propriété d'enfermer le plus grand volume possible sous une surface donnée, le tétraèdre est, parmi les polyèdres réguliers convexes, celui qui enferme sous une surface donnée le plus petit volume. Le tétraèdre serait par suite, entre les figures dérivées de la sphère, celle qui réalise au prix du plus petit changement de surface une diminution de volume imposée. Mais cette conséquence ne serait rigoureuse que si le champ des déformations était limité aux figures convexes, et ni la théorie, ni l'observation ne donnent lieu de croire qu'il en soit ainsi. Malgré cette incontestable lacune mathématique, le système de Green est digne d'une grande attention à cause du nombre des faits qu'il se montre capable de comprendre et d'assimiler. Il la mérite d'autant mieux que l'auteur a réussi à faire rentrer dans sa théorie les deux anomalies les plus apparentes que présente, à première vue, le dessin géographique.

Il y a lieu de se demander, en effet, pourquoi les trois masses continentales allongées suivant un méridien présentent une solution de continuité, une cassure orientée parallèlement à l'équateur et d'où vient que, dans chacune de ces arêtes, la partie australe est déviée vers l'Est par rapport à la moitié Nord.

L'explication, analogue à celle des vents alizés, fait intervenir la rotation du globe et la force centrifuge. Lorsque les sommets du tétraèdre situés dans l'hémisphère Nord accusent leur saillie, ils effectuent autour d'eux une sorte d'aspiration et empruntent des matériaux au Nord comme au Sud. Mais c'est dans le premier cas que le changement de vitesse résultant de la variation de latitude est le plus sensible. Les masses venues du Nord et s'éloignant de l'axe ont une vitesse acquise trop faible et demeurent en retard sur la rotation de la Terre.

Inversement, les matériaux appelés de l'équateur vers la protubérance Sud possèdent à la suite de ce déplacement un excès de vitesse et prennent l'avance sur la rotation du Globe. Il se produit ainsi sur chaque arête méridienne du tétraèdre une sorte de torsion, capable de déterminer la rupture et d'entraîner vers l'Est la partie australe. La ligne de discontinuité, marquée par le chapelet des fosses méditerranéennes, est une nouvelle aire de dépression, ajoutée à celle que constituent déjà les centres des faces du tétraèdre. Si l'on néglige cet effet de torsion, le diamètre issu de chaque sommet va passer au centre de la face opposée. La correspondance diamétrale des dépressions et des saillies, indiquée par l'observation, est aussi une conséquence de la définition géométrique du polyèdre.

C'est surtout cette concordance qui assure à l'hypothèse tétraédrique une grande supériorité sur la théorie proposée antérieurement par Élie de Beaumont pour coordonner géométriquement les principaux traits du relief terrestre. Cette théorie, après avoir passé par une période de brillante faveur, n'a plus de partisans aujourd'hui. Nous en dirons cependant quelques mots, parce qu'elle a son point de départ dans l'observation de faits bien avérés et qui ne doivent pas être perdus de vue.

L'idée qu'une loi précise commande la distribution des parties saillantes et déprimées n'est pas invraisemblable *a priori*. Il n'y a pas de chaîne de montagnes où l'on ne reconnaisse avec facilité la répétition fréquente d'un petit nombre d'alignements. Cette circonstance ne peut être mise en doute, bien qu'elle soit un peu exagérée dans certaines cartes topographiques, en raison de la propension qu'on éprouve, dans la description d'un objet compliqué, à simplifier et à répéter des traits déjà connus. Ce parallélisme est un vestige des puissants efforts latéraux qui ont suivi la consolidation de l'écorce et en ont altéré le niveau. La direction dominante d'une chaîne résume l'effort principal, poussée ou traction, qui lui a donné naissance. Entre cet effort primitif et les mouvements ultérieurs qui sont venus superposer leurs effets aux siens, entre les efforts simultanés qui ont agi dans diverses régions de la Terre, y a-t-il indépendance ou coordination géométrique? La seconde opinion est plus probable dans l'hypothèse de la fluidité primitive et d'une écorce relativement mince et certaines analogies font prévoir que les lignes de moindre résistance, où se produiront les plissements, fractures ou déchirures, dessineront les arêtes d'un polyèdre régulier inscrit. C'est ainsi que des formes polygonales d'une régularité remarquable apparaissent dans la solidification d'une croûte qui se fendille par retrait. L'expérience en est souvent faite dans les creusets des métallurgistes. Les colonnades basaltiques, dont les affleurements dessinent parfois des pavages hexagonaux presque parfaits, ont pris naissance de cette manière dans le refroidissement des coulées de lave.

Maintenant quel polyèdre régulier convient-il d'associer à la sphère pour expliquer les principaux traits du relief terrestre? Élie de Beaumont a donné la préférence au dodécaèdre, dont les faces sont des pentagones. Le motif de ce choix est la faculté que l'on possède, en prolongeant par des grands cercles les arêtes ou les diagonales des faces, de constituer à la surface de la sphère un réseau très riche, doué de propriétés géométriques nombreuses. Mais cette richesse même, en rendant trop facile l'établissement de coïncidences approchées avec les chaînes de montagnes terrestres, enlève à ces coïncidences beaucoup de leur prix. Il est rationnel évidemment d'attacher une importance particulière soit aux arêtes mêmes du dodécaèdre, soit aux lignes qui en dérivent le plus directement. Élie de Beaumont met à part quinze grands cercles, qu'il appelle *cercles primitifs*, et qui peuvent être associés trois à trois, de manière à former des triangles trirectangles, admettant chacun comme pôle un sommet du dodécaèdre. Le mode d'orientation adopté par lui consiste à faire tomber l'intersection de deux cercles primitifs rectangulaires sur le mont Etna, et à faire pivoter le système jusqu'à ce qu'un autre cercle primitif vienne s'aligner sur la Cordillère des Andes. Mais les coïncidences obtenues de cette manière ne sont pas assez précises pour entraîner la conviction et les chaînes de montagnes ainsi rattachées à des lignes homologues n'ont, d'après l'histoire géologique, aucun titre à être considérées comme contemporaines. Enfin, objection plus grave, le dodécaèdre pentagonal est une figure centrée. A chaque sommet correspond comme antipode un autre sommet, au centre de chaque face le centre d'une autre face. Si donc le Globe terrestre était construit sur ce plan, il devrait arriver qu'à une partie saillante correspondrait une autre partie en relief diamétralement opposée. C'est le contraire qu'on observe dans presque tous les cas. Il faut donc plutôt chercher la formule de coordination du côté des solides réguliers qui, comme le tétraèdre, réalisent l'association inverse. Pour ces diverses raisons on a cessé d'attribuer au dodécaèdre pentagonal aucune signification concrète, et la discussion est circonscrite entre les partisans du tétraèdre de Green et ceux qui refusent de voir dans l'ensemble du relief terrestre aucune manifestation de symétrie.

On ne peut nier cependant que les crêtes des montagnes, les lignes de rivage formées par voie de cassure, les axes des fosses océaniques allongées, ne manifestent une préférence pour certaines orientations. Élie de Beaumont, en dressant la liste des angles de position par rapport au méridien pour les chaînes de montagnes les mieux étudiées, trouvait des chiffres groupés en très grand nombre autour de certaines valeurs particulières. Plus tard, J. Dana a établi par de nombreux exemples la prédominance de deux alignements: l'un du Sud-Ouest au Nord-Est, l'autre du Nord-Ouest au Sud-Est. Au premier se rattachent la côte asiatique orientale, l'axe de la Nouvelle-Zélande, la chaîne des Alleghanys, l'axe de l'Atlantique Nord, l'axe de l'Atlantique Sud, les monts Scandinaves. On peut faire rentrer dans le second le grand axe du Pacifique, les montagnes Rocheuses, la côte du Pérou, le chenal de l'Atlantique moyen, divers groupes d'îles du Pacifique. Si ces alignements étaient visibles dans toutes les parties du Globe, sa surface pourrait être assimilée à un échiquier de cases rhomboïdales obliques sur le méridien et séparées par des lignes de relief ou de rupture. Mais il faut se rappeler que beaucoup de chaînes montagneuses, dont l'existence passée est attestée par la discordance ou le plissement des couches, ont actuellement disparu, ensevelies par la mer ou nivelées par l'érosion. Ces causes de ruine ont été relativement peu actives sur notre satellite, et il en résulte que la disposition en échiquier est plus aisément reconnaissable sur le globe lunaire que sur le nôtre.

Au lieu d'étudier la disposition en plan des lignes de relief, on peut se demander si quelque loi générale ne se dégage pas de l'examen des coupes verticales.

On est généralement porté à regarder les continents comme des intumescences convexes, les mers comme des cuvettes concaves. L'ensemble des nivellements et des sondages modernes montre que cette manière de voir est fort éloignée de la vérité. Le fond des bassins océaniques est habituellement convexe. Non seulement il participe à la courbure générale du Globe, mais il a sa courbure propre, qui est, au moins dans un sens, encore plus marquée. De la sorte, les parties les plus creuses, appelées *fosses océaniques*, sont rejetées près des bords et forment des vallées allongées parallèles aux lignes de rivage.

Les continents offrent exactement la disposition inverse, ou du moins ils l'ont présentée au moment où ils ont émergé, avant que l'érosion n'ait eu le temps de modifier leur structure. Leur partie centrale est une cuvette ou un assemblage de cuvettes, et les chaînes de montagnes suivent les côtes. Les fleuves nés dans l'intérieur sont obligés, pour rejoindre la mer, de faire brèche à travers une barrière plus ou moins élevée. Les coupes de l'Afrique australe, de l'Amérique boréale suivant des parallèles ressemblent à celles d'une assiette renversée suivant un diamètre. Si l'on veut définir la montagne comme étant le squelette du continent, on doit considérer ce squelette comme extérieur, à la façon de la coquille d'un crustacé.

Cette structure a été plus ou moins, à l'origine, celle de tous les continents. Depuis, elle est devenue moins nette dans beaucoup de cas, l'érosion ayant affaibli ou rasé la ceinture de montagnes et accru par sédimentation le domaine de la frange ou bordure externe. Des communications de plus en plus larges se sont établies entre les bassins intérieurs et les mers voisines. Il reste cependant en Asie, en Afrique, dans l'Amérique du Nord, des régions étendues sans écoulement aucun vers l'Océan.

Partout les points de grande altitude sont plus voisins de la mer que du centre du continent, et tendent à s'aligner, comme les fosses sous-marines, parallèlement au rivage. L'ensemble de ces faits se résume dans une loi que M. de Lapparent énonce ainsi: «Au moment où une grande ligne de relief se constitue sur le Globe, elle forme le rivage d'une dépression océanique ou lacustre sous laquelle elle s'enfonce par son versant le plus incliné et, en général, l'importance de la chaîne à laquelle elle donne naissance est en rapport avec celle de la dépression qu'elle côtoie.»

La dissymétrie des versants est une loi générale. Le versant le plus rapide, faisant face à la plus grande dépression, est en moyenne deux fois plus incliné que l'autre. On arrive au fond des fosses océaniques par une pente rapide quand on vient de la terre, par une pente douce quand on vient du large. Dans les contrées couvertes de plissements en échelons, l'altitude va croissant d'une ride à l'autre du côté où elles présentent toutes l'inclinaison la plus forte. Mais cette structure est sujette à être modifiée par l'érosion. La dernière ride, la plus haute et la plus exposée aux vents humides, est vouée à une ruine plus prompte. Les cours d'eau y font brèche en reculant leurs sources, et la ligne de partage des eaux se trouve fréquemment reportée en arrière des sommets les plus élevés.

La manière dont la glace et les eaux pluviales interviennent pour transformer le relief terrestre nous est connue par l'observation quotidienne. Elle fait l'objet de Chapitres importants dans les Traités de Géologie et de Géographie physique. Nous ne ferons qu'effleurer cette question, malgré l'intérêt toujours actuel qu'elle présente, parce qu'elle nous écarterait de notre objet principal, qui est d'éclairer par l'étude de la Terre celle des autres corps célestes.

CHAPITRE V.

L'HISTOIRE DU RELIEF TERRESTRE. LES PRINCIPALES THÉORIES OROGÉ- NIQUES.

En cherchant à définir les grands traits du relief terrestre, nous avons reconnu que ces traits, à première vue irréguliers et capricieux, deviennent mieux intelligibles quand on se place au point de vue historique. Ils tendent à se rapprocher d'une formule simple et presque mathématique si on les considère comme les restes d'une structure primitive que des causes toujours en action tendent à effacer.

Ces causes, dont l'étude forme l'objet principal de la Géographie physique, dérivent toutes plus ou moins directement de la radiation solaire. L'atmosphère, l'eau, la glace modifient le relief du Globe avec lenteur dans les régions arides, avec une promptitude relative dans les contrées où les précipitations sont abondantes. La substance des montagnes, entraînée peu à peu, vient s'étaler sur les plaines ou se déposer près des rivages. Les profondeurs mêmes de l'Océan reçoivent un continuel dépôt de débris organiques. Mais leur comblement ne s'opère qu'avec une lenteur extrême, et c'est là, mieux que sur les terres émergées, que l'on peut trouver les caractères encore reconnaissables de la structure initiale.

A ce sujet, une remarque importante doit être faite: l'ensemble des causes actuelles, de celles dont nous pouvons mesurer les effets dans la période historique, concourt d'une manière évidente au nivellement général de la surface. L'érosion détruit les montagnes, les sédiments comblent les mers. Parfois, il est vrai, l'érosion, en déchaussant des massifs de roches dures, fait apparaître des formes plus abruptes, mais elle n'accroît jamais l'altitude des cimes. Les cônes soulevés ou construits par des éruptions volcaniques, les redressements locaux qui peuvent résulter des tremblements de terre n'ont qu'un volume insignifiant en comparaison des chaînes de montagnes, plus insignifiant encore auprès des fosses océaniques. Ce ne sont donc pas les causes actuelles, celles qui accumulent sous nos yeux les terrains stratifiés, qui ont pu créer le relief terrestre, établir des écarts de 9km à 10km dans le sens vertical entre la surface réelle et le géoïde. L'érosion ne rend pas compte de la figure actuelle des montagnes, moins encore de l'existence des fosses océaniques.

Fig. 15.

Exemple de formes superficielles en rapport avec la structure interne.
(Cluse du Jura bernois.)
De Lapparent, *Abrégé de Géologie, fig.* 25, p. 105.

On a le droit, assurément, en Géologie, de limiter le champ de ses recherches. C'est ainsi qu'une école nombreuse, longtemps prépondérante en Angleterre sous l'influence de Lyell, ne voulait reconnaître que l'action des causes actuelles, reléguant tout le reste dans un passé lointain et inaccessible. L'Astronomie nous fait une obligation de nous placer au point de vue inverse: la formation des terrains stratifiés, l'action de l'air et de l'eau sur la surface deviennent dans l'évolution d'un corps céleste des épisodes presque négligeables. Certaines planètes ont déjà traversé cette phase de leur histoire; d'autres ne l'ont pas encore atteinte et, sur la Terre elle-même, l'action habituellement cachée et assoupie des forces internes se révèle comme prépondérante par la grandeur de ses effets. Leur rôle du reste n'est pas terminé; il est fort possible qu'elles interviennent encore de nos jours, concurremment avec les agents atmosphériques, ou qu'elles provoquent dans l'avenir de nouveaux cataclysmes, après un repos qui aurait embrassé la période historique tout entière.

Tant que les sondages océaniques sont demeurés rares et clairsemés, les chaînes de montagnes sont apparues comme les accidents les plus importants du relief terrestre. On a dû reconnaître que leur formation était étroitement mêlée à l'histoire du Globe, même depuis l'apparition de la vie à sa surface. En effet, les couches évidemment constituées par des dépôts lentement accomplis dans une nappe liquide, couches primitivement horizontales, présentent des redressements, des plis, des dislocations qui accusent l'intervention de forces extrêmement puissantes. D'autre part, une chaîne de montagnes est nécessairement plus ancienne que les dépôts horizontaux qui sont venus s'appuyer sur ses flancs. L'époque de la formation de ces dépôts, comme celle de la formation des couches plissées, est caractérisée par les débris organiques qui s'y trouvent. Un examen attentif permet donc d'établir un ordre chronologique entre les chaînes de montagnes et l'on peut espérer de reconstituer les états successifs du relief terrestre. Cette branche d'études (*Géodynamique interne ou Orogénie*) a fait dans ces derniers temps de très grands progrès, et la connaissance de ses principaux résultats est utile pour aborder l'examen des planètes autres que la Terre.

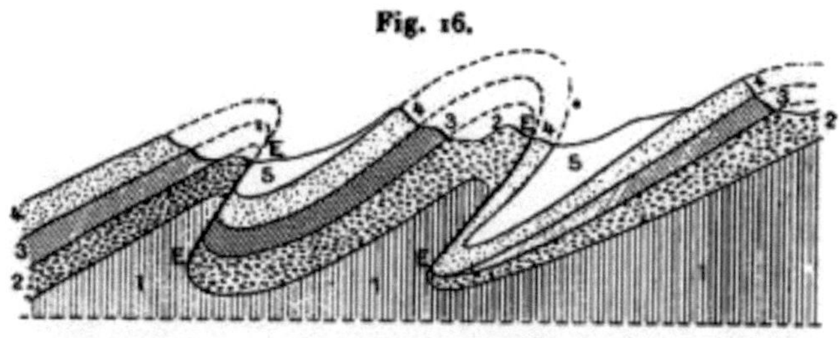

Les pays de montagnes offrent des coupes naturelles où la série des couches apparaît à première vue, où les terrains de même nature et de même âge se retrouvent de part et d'autre d'un accident de terrain qui les interrompt. Les parties externes du massif présentent de nombreux plis, parfois régulièrement ondulés, mais le plus souvent redressés, renversés, couchés, charriés par de puissants efforts latéraux. L'épaisseur d'une même couche est loin d'être uniforme dans toute son étendue. Il n'est pas rare de voir une série de plis comprimée en forme de coin ou dilatée en éventail. Il arrive même que la continuité d'une même couche est interrompue par une *faille* ou dénivellation brusque. En pareil cas le compartiment resté au niveau le plus élevé chevauche fréquemment sur l'autre, et l'ordre de superposition primitif se trouve renversé. La production de failles successives et de charriages consécutifs aboutit à la structure *imbriquée* ou *en écailles,* souvent observée dans les Alpes françaises.

Exemple d'une structure montagneuse imparfaitement transformée par l'érosion.
Causse du Larzac.
(D'après la Carte au $\frac{1}{100000}$ dressée par le Service géographique de l'Armée.
Feuille de Rodez.)

Agrandissement

Bien que les failles répondent, en général, à des effondrements sur place, elles n'accusent point leur existence par des murs verticaux. L'érosion est intervenue pour adoucir le relief. Elle arrive même, avec le temps, à faire disparaître toute différence de niveau entre des plaines contiguës, dont les stratifications sont discordantes. Les eaux peuvent aussi enlever la tête d'un pli couché, en couper la racine. Et, quand les fragments épargnés ont été charriés par la suite à 30km ou 50km de distance, on conçoit qu'il puisse devenir très difficile de remonter à leur origine et à leur situation initiale. Ces bouleversements indéniables n'embrassent en somme que des portions restreintes de la surface terrestre. A côté d'elles de vastes plateaux ont gardé, à travers toutes les périodes géologiques, leur cohésion et leur horizontalité. Il n'y a pas lieu de penser que les masses continentales et les fosses océaniques aient subi dans leur configuration générale de changements bien essentiels, à part ceux que nous avons signalés et qui ont écarté le dessin des rivages de la symétrie tétraédrique.

Il est évident que les inégalités de la surface terrestre doivent s'expliquer par des causes qui ont agi depuis la solidification de cette surface. La doctrine dominante à ce sujet, au commencement du XIXe siècle, était la théorie des soulèvements proposée par Léopold de Buch. Le fait qui lui sert de base est le suivant: on trouve, dans la partie centrale des chaînes les plus importantes et les plus hautes, des massifs de roches cristallines ou primitives, sans apparence de structure stratifiée, et dépassant en altitude les zones plissées qui les séparent de la plaine. Partant de là Léopold de Buch admet que, la croûte s'étant formée et ayant acquis, par sédimentation, une grande épaisseur, des roches en fusion chassées par un excès de pression interne ont soulevé cette croûte, et l'ont percée en quelques points faibles, en rejetant à droite et à gauche les roches stratifiées.

Cette manière de voir est naturellement repoussée par les théoriciens qui n'admettent pas la fluidité interne du globe, par ceux qui pensent que la solidification a dû commencer par le centre et progresser vers la surface. Mais elle n'a même pas conservé de partisans dans l'école adverse, qui tient pour l'existence actuelle de l'écorce mince. En effet, l'étude plus attentive des groupes montagneux a prouvé que les masses primitives n'ont dans les plissements et les soulèvements du sol qu'un rôle passif. Elles ne sont venues au jour que longtemps après leur solidification, et ne se sont point déversées en nappes liquides. Chaque fois que les roches fondues ont réussi à percer, c'est en profitant de fissures antérieures et non en soulevant les couches superficielles. Enfin les massifs cristallins présentent jusque près de leur cime des restes de stratifications horizontales. Il en résulte que leur couverture sédimentaire a été lentement enlevée par l'érosion, et non refoulée par un soudain cataclysme.

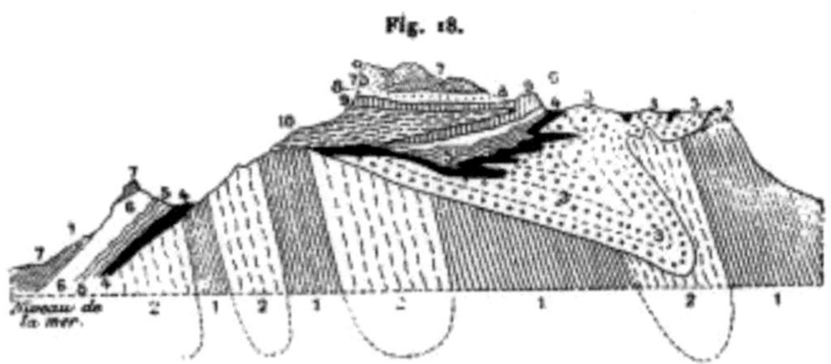

Fig. 18.

Exemple de formes superficielles en discordance avec la structure interne.
(Coupe des Dents de Morcles, Suisse.)
De Lapparent, *Abrégé de Géologie, fig.* 161, p. 405.

Une autre origine possible du relief terrestre est le plissement de l'écorce par contraction. Ainsi qu'Élie de Beaumont l'a indiqué avec une netteté parfaite dès 1829, un globe fluide, qui se refroidit et s'enveloppe d'une croûte peu conductrice, arrive assez vite à ne plus perdre par sa surface que la chaleur empruntée aux couches internes; la température de la surface tend vers une limite fixe, qu'elle a déjà à peu près atteinte, pendant que la température interne continue à s'abaisser. L'écorce, se contractant moins que le noyau, prend relativement à celui-ci un excès d'ampleur, qui, sous l'action de la gravité, fait perdre à la surface la figure sphérique. On pourrait supposer que cette déformation s'accomplira par des affaissements locaux avec rupture. En fait les énormes pressions qui règnent dans l'écorce terrestre communiquent aux roches une plasticité qu'elles n'ont point dans les expériences de laboratoire et ce sont des plissements que l'on observe.

Les crêtes des plis tendent-elles à s'éloigner du centre de la Terre ou sont-elles simplement en retard sur l'affaissement des parties voisines? La question ne semble pas aisée à résoudre. Dans l'ensemble l'affaissement doit prédominer, puisque le globe se refroidit; mais des soulèvements locaux restent possibles et Élie de Beaumont n'y voyait point de difficulté. Sans doute, dans un esprit de réaction contre la doctrine de Léopold de Buch, une autre école, qui se réclame de Constant Prévost, ne veut laisser dans l'orogénie aucune place aux soulèvements. Elle ne reconnaît que des mouvements centripètes inégalement répartis. Mais cette théorie ne semble pas capable de s'assimiler tous les faits. Les terrains sédimentaires dont on retrouve des fragments près des plus hautes cimes cristallines existent dans les mêmes régions en masses considérables parfaitement nivelées et régulières. Il est plus facile de concevoir un soulèvement local qu'un affaissement qui aurait porté sur une contrée entière sans amener de dénivellation ni de rupture. Des roches contemporaines se rencontrent en grandes masses à des niveaux extrêmement différents. Le grand plateau du Colorado est demeuré au-dessous du niveau de la mer depuis le commencement de l'époque carbonifère jusqu'à la fin de la période crétacée. Il a reçu dans cet intervalle 3000m à 4000m de sédiments, ce qui prouve qu'il a continué à s'enfoncer, car les sédiments ne se déposent en quantités importantes qu'à de faibles profondeurs. Depuis il a émergé sans que l'on puisse dire si l'ascension a pris fin actuellement, et, si l'on rétablissait tout ce que l'érosion lui a enlevé, ce plateau aurait maintenant 6000m d'altitude. Cet exemple, que nous empruntons à M. J. Le Conte[6], est assurément un des plus frappants, mais il est loin d'être isolé et l'on doit tenir des soulèvements étendus pour possibles, alors même que leur lenteur ne permettrait pas d'en suivre la marche par l'observation.

Note 6: (retour) J. Le Conte, *Earth crust movements and their causes* (*Science*, Vol. V, n° 113).

On a tenté de démontrer que la chute de température, depuis l'époque de solidification de la surface jusqu'à l'époque actuelle, est insuffisante pour provoquer des plissements aussi considérables que ceux qu'on observe et pour rendre compte du relief terrestre. Ce raisonnement, présenté par M. Fisher[7] dans l'hypothèse d'un refroidissement subit, n'est pas concluant, ainsi que l'a fait voir M. G.-

H. Darwin, parce qu'il laisse dans l'ombre l'intervention de la pesanteur. Quand la contraction par refroidissement a déterminé un pli, même peu accusé, des sédiments se déposent dans la partie concave, la surchargent et l'obligent à s'enfoncer encore. Les matières liquides situées au-dessous refluent sous les parties saillantes et les soulèvent. Les différences de niveau tendent ainsi à s'exagérer jusqu'à ce qu'une rupture se produise.

Note 7: (retour) *Philosophical Magazine*, Vol. XXIII, 1887.

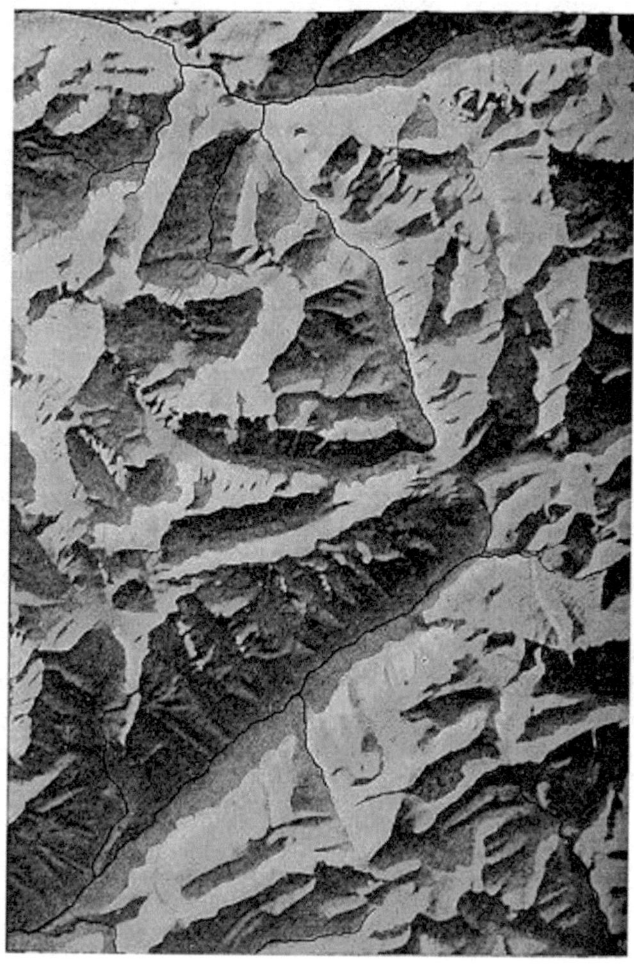

Exemple d'une structure montagneuse entièrement sculptée par l'érosion.
Région des sources du Rhône et de l'Aar.
(D'après la Carte au $\frac{1}{100000}$: la Suisse, par Ch. Perron, phot. Boissonnas.)

Certains auteurs, à la suite de J. Dana[8], ont même considéré le dépôt des sédiments, agissant par leur poids, comme la cause première de l'effort orogénique. On allègue en faveur de cette idée que les couches stratifiées se présentent, dans les régions montagneuses ou à la limite de celles-ci, avec une puissance bien plus grande que dans les pays de plaines. C'est ainsi que dans la région des Appalaches, en Amérique, des dépôts se sont formés sans interruption sur 12000m d'épaisseur. Une telle continuité suppose que le rivage s'affaisse lentement, d'une quantité presque équivalente, pour permettre à la sédimentation de se poursuivre et l'on ne voit pas pourquoi un effondrement aussi prolongé affecterait toujours le même point, si la sédimentation elle-même ne l'impose pas.

Note 8: (retour) J. Dana, *Manual of Geology*, 1875, p. 748.

Mais la répercussion du phénomène ne s'arrête pas là. Les matériaux déposés par alluvions dans les plaines ou sur les côtes sont empruntés aux montagnes. Il y a surcharge pour les bas-fonds, allégement pour les hauteurs. Dès lors l'équilibre intérieur du globe terrestre se trouve compromis. Deux colonnes d'égale section, issues de points différents de la surface et aboutissant au centre, cesseront de se faire équilibre si elles n'altèrent pas leurs longueurs relatives en sens inverse. Cette considération, déjà employée par Newton, a reçu des développements nouveaux de la part des géologues américains modernes, qui l'ont formulée sous le nom de *principe de l'isostase*. Elle conclut à l'existence d'une cause interne qui tend à exagérer les différences de niveau superficielles, au lieu que les agents atmosphériques travaillent à les atténuer. L'égalité des pressions en sens différent autour d'un même point intérieur est d'ailleurs également obligatoire, que l'on suppose l'intérieur de la Terre solide ou qu'on le suppose liquide. On ne saurait en effet compter sur la ténacité des roches ou des métaux pour supporter les efforts que feraient naître dans la masse du globe, supposée homogène, les inégalités de la surface. Tous les matériaux connus sont écrasés, pulvérisés, à ces énormes pressions.

Il ne semble pas, cependant, que la surcharge des sédiments doive supplanter la contraction par refroidissement comme cause initiale et prépondérante du relief. La Lune, en nous montrant un globe où les différences de niveau sont relativement plus fortes et plus brusques que sur la Terre et où, en même temps, les traces de l'action de l'eau sont rares et douteuses, nous invite à chercher d'un autre côté. L'exemple déjà cité du plateau de Colorado montre aussi que les soulèvements ne sont pas limités aux montagnes allégées de leur couverture sédimentaire; des régions immergées depuis longtemps, soustraites à toute érosion et déjà chargées de sédiments considérables, peuvent manifester un mouvement ascensionnel. Il y a ici en jeu une cause interne distincte du principe de l'isostase, et même capable d'en combattre victorieusement les effets. La même nécessité se présente au début, quand il s'agit d'expliquer l'apparition des bassins concaves où se déposeront plus tard les alluvions. L'opinion de géologues éminents, parmi lesquels nous citerons M. de Lapparent, est qu'il n'y a pas lieu de chercher cette cause ailleurs que dans le ridement par contraction. La même force, étendant et prolongeant son action, travaille à redresser les bords du bassin qui sont des zones faibles de l'écorce et les réactions latérales y contribuent autant et peut-être plus que le poids des sédiments.

Nous devons encore mentionner deux tentatives intéressantes, faites pour prévoir et définir l'emplacement des dépressions principales. Peirce et M. G.-H. Darwin ont examiné quelle pouvait être, sur la forme de la Terre, l'influence de l'attraction des corps célestes. Seuls le Soleil et la Lune paraissent capables d'une action efficace, par l'intermédiaire des marées qu'ils provoquent. Ces marées, qu'elles aient pour siège les eaux superficielles ou le fluide interne, sont toujours en retard sur le passage au méridien de l'astre perturbateur. Il en résulte, comme nous le verrons plus en détail à propos de la Lune, un ralentissement du mouvement diurne et la planète tend vers une figure d'équilibre moins aplatie que celle qui répondait à la vitesse de rotation primitive. Sur une planète entièrement fluide la déformation s'accomplira sans laisser de trace. Si la solidification est parvenue à un certain degré, la croûte, sollicitée au delà de sa limite de résistance, deviendra irrégulière et indiquera, sans le réaliser complètement, le passage de l'ancienne figure d'équilibre à la nouvelle. Partant d'une hypothèse, à la vérité un peu gratuite, sur l'état primitif du globe terrestre, M. G.-H. Darwin trouve mathématiquement qu'il doit se dessiner à la surface de larges plis, coupant l'équateur à angle droit et s'infléchissant vers l'Est de chaque côté, dans les latitudes croissantes. Ni la ligne actuelle des rivages, ni la ligne d'équi-déformation ne présentent par rapport à l'équateur la symétrie que réclamerait cette formule, et il est certain que l'ensemble du dessin géographique est mieux représenté par le tétraèdre de Green.

L'apparition des montagnes, quel qu'en soit le mécanisme, est un contre-coup de la formation des bassins océaniques et celle-ci constitue, par suite, le problème le plus essentiel de l'orogénie. M. J. Le Conte, dans le travail cité plus haut, y voit une conséquence du caractère hétérogène des matériaux de l'écorce. La conductibilité pour la chaleur et la densité varient, en général, dans le même sens, et entre des limites assez larges, d'une partie de la Terre à l'autre. Si l'on se représente, dans la croûte terrestre, une région particulièrement dense et conductrice, on se rend compte que la solidification doit y commencer plus tard et y progresser plus vite. Cette région, se refroidissant plus que ses voisines, perd de sa surface et de sa courbure et devient un bassin déprimé, tout préparé pour la réception des eaux marines. La même cause continuant d'agir, le bassin se creuse, des plis saillants se forment sur ses bords, la séparation se prononce entre la terre ferme et la mer et les différences d'altitude s'exagèrent jusqu'à ce que l'érosion vienne les atténuer ou jusqu'à ce qu'une rupture intervienne.

En l'absence de données suffisantes sur l'état initial, l'édification d'une théorie mathématique du relief terrestre semble une entreprise sans espoir. Il est possible, au contraire, de déterminer entre quelles époques géologiques une chaîne de montagnes s'est développée. Par suite, un tableau historique de l'évolution de ce même relief est chose réalisable, pourvu que l'on consente à ne pas remonter trop haut.

Un moment on a pu croire que ce travail allait être rapidement achevé. Élie de Beaumont avait cru, en effet, pouvoir déterminer l'âge d'une chaîne de montagnes par le simple calcul de son orientation générale. Mais cette règle commode n'a pas tenu devant l'examen plus approfondi des faits. Le seul critérium admis par les géologues modernes est le caractère paléontologique des couches stratifiées qui ont été disloquées par l'apparition d'une chaîne de montagnes ou qui se sont déposées sur ses flancs.

Poursuivie par cette voie beaucoup plus sûre mais très laborieuse, la classification historique des montagnes n'est encore connue que très imparfaitement, et seulement pour une partie de l'hémisphère boréal. Déjà, cependant, il s'en dégage quelques résultats simples et remarquables.

Les montagnes qui attirent le plus les regards, qui ont le relief le plus énergique, sont les plus jeunes. Ce sont celles que l'érosion a eu le moins le temps d'aplanir. Elles résultent d'un effort orogénique qui peut remonter très haut, mais a pris seulement son caractère actuel à la fin de l'époque tertiaire. Les chaînes de l'Atlas, de la Cordillère Bétique, des Pyrénées, des Alpes, des Carpathes, des Balkans, de la Crimée, du Caucase, de l'Afghanistan, de l'Himalaya sont un contre-coup de l'effondrement des fosses méditerranéennes. Dans le dernier remaniement des Alpes, datant de la fin des temps tertiaires, la Méditerranée a été soulevée et réduite à une série de cuvettes saumâtres. Plus tard elle s'est reconstituée par des effondrements successifs. La mer Égée, la mer Noire, la mer Morte termineraient la liste. Toutefois, d'après le professeur Suess, on n'est en droit de faire rentrer dans les temps historiques aucun changement important des lignes de rivage, imputable à une cause interne.

Le mouvement qui a donné naissance au système alpin a été précédé de quatre autres mouvements analogues qui ont fait apparaître respectivement les chaînes pyrénéenne, hercynienne, calédonienne et huronienne. L'ordre d'ancienneté est aussi celui des latitudes croissantes, en sorte que la tendance au ridement se serait propagée, avec des intervalles de repos, du pôle vers l'équateur. La chaîne huronienne, la plus ancienne, traverse des contrées presque aplanies aujourd'hui, mais où se rencontrent communément des affleurements de couches dénivelées ou renversées.

Nous devons accorder une attention particulière aux inégalités du relief terrestre qui ne résultent pas de plissements. Ces formes monoclinales, exceptionnelles dans les montagnes d'Europe, ont été surtout signalées sur le territoire américain. Ce sont des blocs circonscrits par une cassure et qui s'inclinent et se déversent quand l'appui vient à leur manquer. Ou bien ils se sont effondrés tout d'une pièce, ou bien au contraire ils sont demeurés en retard sur l'affaissement des parties voisines. Les montagnes de cette classe ne s'alignent point le long des rivages, présentent toujours un caractère isolé et ne constituent pas de chaînes. Relativement rares sur la Terre, elles sont au contraire dominantes sur la Lune, et ce rapprochement nous autorise à penser que le plissement de l'écorce n'est dans l'évolution d'une planète qu'un phénomène contingent et transitoire. C'est un sujet sur lequel nous aurons à revenir au chapitre X de ce livre.

CHAPITRE VI.

LA STRUCTURE INTERNE D'APRÈS LES DONNÉES
DE LA MÉCANIQUE CÉLESTE ET DE LA PHYSIQUE.

L'écorce terrestre n'est accessible à l'observation directe que sur une épaisseur bien limitée. Mais le calcul peut être dans cette voie un auxiliaire utile, ne fût-ce qu'en montrant l'improbabilité ou l'impossibilité de certaines hypothèses.

Ainsi que nous l'avons vu au chapitre III, Clairaut a donné le moyen d'étudier la constitution d'un ellipsoïde hétérogène dont toutes les parties s'attirent mutuellement et à l'intérieur duquel les surfaces d'égale densité sont des ellipsoïdes tous de révolution et animés d'un mouvement de rotation uniforme autour d'un même axe.

En particulier la variation des aplatissements avec la profondeur peut être déterminée par le calcul si l'on se donne la densité ρ en fonction du demi grand axe a.

Édouard Roche, Lipschitz, M. Maurice Lévy ont indiqué diverses formes de ρ en fonction de a pour lesquelles l'équation différentielle de Clairaut devient intégrable. Pour déterminer les paramètres qui figurent dans la relation choisie, et les constantes introduites par l'intégration, on dispose de données d'origine diverse, en nombre surabondant. Il s'agit de représenter le mieux possible les mesures géodésiques, les mesures de pesanteur à la surface, les indications fournies par les phénomènes de précession et de nutation, par les inégalités du mouvement de la Lune.

Si l'on s'attache en particulier à la valeur de l'aplatissement superficiel, les mesures géodésiques donnent en moyenne, comme nous l'avons vu, 1/293,5, les observations pendulaires 1/298. La mécanique céleste paraît réclamer un aplatissement intermédiaire. On a développé la théorie mathématique du mouvement de la Terre autour de son centre de gravité en admettant que le globe est solide et que son ellipsoïde central d'inertie est de révolution. A et C étant les moments principaux, les phénomènes de précession et de nutation donnent, sans autre hypothèse sur la constitution intérieure,

$$(A - C)/\ C = 1/305{,}6.$$

Or, si l'on introduit ce nombre dans les formules fondées sur la théorie de Clairaut, on trouve toujours pour l'aplatissement superficiel une valeur plus faible que celle qui résulte soit des mesures géodésiques, soit des observations du pendule. Pendant quelque temps on a pu croire que l'on éviterait cette contradiction par un meilleur choix des paramètres introduits pour exprimer ρ en fonction de a. M. Poincaré a démontré que cet espoir devait être abandonné. Quelle que soit la loi des densités à l'intérieur de la Terre supposée fluide, pourvu que cette densité aille toujours en croissant de la surface au centre, il est impossible de représenter la valeur 1/305,6 du rapport (A-C)/C qui résulte de la théorie du mouvement de la Terre et des observations, à moins d'adopter pour l'aplatissement superficiel une valeur inférieure à 1/297,3.

Édouard Roche, considérant la contradiction comme bien établie, en tirait la conclusion que l'intérieur de la Terre ne pouvait pas être liquide. A notre avis cette conséquence est au moins prématurée, et cela pour deux raisons: d'abord les mesures géodésiques ne sont ni assez multipliées ni assez concordantes pour permettre d'affirmer que l'aplatissement est supérieur à 1/297,3. En second lieu l'intérieur du globe peut être liquide sans pour cela satisfaire aux conditions qui servent de base à la théorie de Clairaut.

On sait que c'est la présence du renflement équatorial de la Terre qui donne lieu aux phénomènes de précession et de nutation. La même irrégularité de forme entraîne dans le mouvement de la Lune des inégalités périodiques, dont l'observation peut conduire à la valeur de l'aplatissement. Ces inégalités ont été soumises au calcul par Laplace, par Hansen, et plus récemment (1884) par M. Hill. Deux seulement d'entre elles ont quelque importance. L'une, portant sur la longitude, a pour période 18 ans 2/3. La seconde, affectant la latitude, a pour période un mois lunaire et se détermine plus aisément par l'observation. De ce fait, la variation de la latitude, en plus ou en moins, s'élève à 8",38. Une petite fraction de ce chiffre est due à l'action des planètes, mais on peut l'évaluer séparément. Faye, en discutant un ensemble important d'observations de la Lune faites à Greenwich, a trouvé ainsi pour l'aplatissement terrestre 1/293,6. Un groupe encore plus étendu a donné à M. Helmert 1/(297,8 ± 2,2). L'approximation n'est pas très élevée, mais elle est destinée à s'améliorer avec le temps, et cette méthode présente, relativement à la géodésie et aux observations pendulaires, le mérite de donner un aplatissement moyen, affranchi des irrégularités locales.

En revanche les déterminations astronomiques de latitude et de longitude, combinées soit avec les mesures d'arc, soit avec les mesures de pesanteur, permettent, au moins en théorie, de construire une représentation fidèle du géoïde. La mécanique céleste n'élève pas cette prétention. Doit-on se flatter qu'elle fera connaître la structure interne, c'est-à-dire la loi de la densité en fonction de la profondeur? Cet espoir serait également vain, d'après le théorème suivant, dont la démonstration est due à Stokes:

Le potentiel relatif à l'attraction exercée sur un point extérieur par une planète tournant d'un mouvement uniforme autour d'un axe fixe et dont la surface libre, supposée connue, est en même temps surface de niveau, ne dépend pas de la constitution interne.

Pour bien comprendre la portée de ce théorème, il faut remarquer que l'on peut modifier la constitution interne, et même d'une infinité de manières, sans que la surface extérieure soit changée, et cesse d'être une surface de niveau. Si donc on trouve, en respectant les hypothèses de Clairaut, une loi de densité en fonction de la profondeur qui mette d'accord toutes les mesures de la pesanteur faites à la surface, il ne s'ensuivra pas que la structure intérieure admise soit la vraie. Les pesanteurs observées seraient les mêmes avec une distribution tout autre des mêmes matériaux. La même indétermination se présente si l'on prend pour point de départ l'action observée du renflement équatorial de la Terre sur les corps célestes.

Dans l'opinion des meilleurs juges, aucune des trois voies suivies pour calculer l'aplatissement ne le donne avec assez de précision pour que l'on puisse affirmer qu'il y a désaccord entre elles. Si jamais la contradiction venait à être établie, la doctrine de la fluidité interne ne serait pas pour cela condamnée. On pourrait tout aussi bien renoncer à l'une des hypothèses de Clairaut, par exemple cesser de regarder les surfaces d'égale densité comme des ellipsoïdes, ou ne plus leur attribuer à toutes une même vitesse de rotation. M. Hamy a d'ailleurs démontré que la réalisation simultanée et rigoureuse de toutes ces conditions donnerait lieu à un paradoxe mathématique.

Mais, si l'on ne remplace pas les hypothèses de Clairaut par d'autres tout aussi arbitraires, l'indétermination du problème devient excessive et le calcul plus épineux. La seule tentative poussée un peu loin pour développer en dehors de ces hypothèses la théorie de l'attraction du globe terrestre est due à Laplace et lui a fourni la matière de beaux développements mathématiques. Mais l'application concrète de ces développements donne lieu à des difficultés, et la convergence des séries n'est pas assurée dans tous les cas. En particulier Laplace s'est demandé si l'on ne pourrait pas représenter les faits en admettant que la Terre est formée d'une seule substance, dont la densité croîtrait avec la pression suivant une loi simple. Il renonce à l'hypothèse que les surfaces de niveau soient des ellipsoïdes, et admet seulement qu'elles diffèrent peu d'une sphère. On arrive ainsi à représenter passablement les observations, avec un coefficient de compressibilité admissible. Toutefois, ce que l'on sait de la diversité des matériaux de l'écorce terrestre ne permet guère d'espérer que cette théorie corresponde de près à la réalité.

De même que les mesures d'arc de méridien, les observations du pendule deviennent plus instructives si on leur demande non pas seulement la définition géométrique approchée de la surface terrestre, mais l'indication des irrégularités locales.

De longue date, on s'est aperçu que la partie variable de la pesanteur n'est pas proportionnelle au carré du sinus de la latitude. L'écart peut être attribué à une réduction défectueuse. Sans parler des difficultés créées par la résistance de l'air et celle des supports, on n'observe pas le pendule sur l'ellipsoïde de révolution ni même sur le géoïde, mais à une certaine altitude. De là résultent trois effets perturbateurs:

1° éloignement plus grand du centre de la Terre;

2° augmentation de la force centrifuge; 3° attraction du massif saillant, s'ajoutant à celle du globe. Les deux premiers effets tendent à diminuer la pesanteur apparente, le troisième à l'accroître.

Le dernier terme est le plus important et le plus difficile à calculer. On l'évalue par une formule due à Bouguer et qui suppose la masse continentale ou la montagne simplement ajoutée au géoïde. Il est remarquable que la pesanteur ainsi calculée est toujours trop forte. On obtiendrait, en général, un meilleur résultat en appliquant les deux premières corrections et négligeant la troisième. C'est ce que Faye a proposé de faire dans tous les cas. Il y aurait, d'après lui, une anomalie de structure interne qui ferait équilibre à l'attraction des montagnes.

De même, la pesanteur est le plus souvent, dans les petites îles, en excès sur le chiffre que la latitude fait prévoir. Cet excès deviendrait encore plus marqué si l'on tenait compte de ce que la mer environnante remplace dans le géoïde des matières plus denses.

Enfin, il est à prévoir que, si l'on mesure la latitude successivement au nord et au sud d'une montagne, le changement sera plus fort que celui qui répond au chemin parcouru sur le méridien. La verticale est, des deux côtés, déviée vers la montagne par l'attraction de celle-ci. Mais, quand on calcule cette déviation d'après la densité probable des matériaux qui forment la montagne, on trouve ordinairement un chiffre plus fort que l'effet observé.

Bouguer, qui a mis le premier ce fait en évidence par des mesures de latitude exécutées de part et d'autre du Chimborazo, était conduit à attribuer à la montagne une densité très faible et invraisemblable. Il lui semblait, d'après cela, qu'il devait exister à l'intérieur de vastes cavités. Cette opinion n'est pas confirmée par les études stratigraphiques. Les couches se retrouvent régulières et continues d'un versant à l'autre et les coupes naturelles pratiquées par l'érosion ne révèlent pas les cavités dont il s'agit. Le fait même, quoique fréquent, n'est pas universel. Les Alpes, l'Himalaya, le manifestent à un haut degré, mais dans le Caucase, d'après le général Stebnitsky, les déviations de la verticale sont passablement expliquées par l'attraction des masses visibles.

Airy a émis, en 1855, l'idée que les montagnes possèdent en quelque sorte des racines. Chacune d'elles est portée par un prolongement souterrain formant flotteur, proportionné à son importance et tenant la place du liquide plus dense dans lequel il plonge. Toute excroissance de l'écorce serait ainsi compensée par un défaut de densité, d'où résulterait une diminution de la pesanteur. Cette compensation, supposée générale, réaliserait le principe de l'isostase, c'est-à-dire l'égalité des pressions au centre sur différentes colonnes partant de la surface.

Il semble qu'un pas reste à franchir pour expliquer comment aucun déficit de pesanteur n'apparaît dans les îles et sur la mer. Faye a tenté de le faire en introduisant la considération de la température des eaux marines. Le fond des océans, sous toutes les latitudes, est à une température voisine de celle de la glace fondante. Au même niveau, sous les continents, la température atteint ou dépasse 100°. Il y a donc discordance entre les surfaces de niveau et les isothermes. Sous les parties occupées par la mer, la solidification marche plus vite et s'est propagée à une profondeur plus grande. Or, beaucoup de roches augmentent de densité, quand elles se solidifient, après fusion. Il y a donc sous les mers excès de densité, par suite excès d'attraction, ou tout au moins compensation approchée à la faible densité de l'eau.

Les géologues sont demeurés, en général, sceptiques en ce qui concerne l'efficacité de la cause invoquée par Faye. La conductibilité des roches pour la chaleur est si faible que l'action de la mer, pour accroître l'épaisseur de l'écorce, semble devoir être insignifiante ou limitée à une courte période. D'ailleurs, si le gain de densité qui accompagne la solidification est sensible pour certaines substances minérales, il est nul ou même négatif pour beaucoup d'autres, notamment pour le fer, dont le rôle dans la composition du globe terrestre semble considérable. A mettre les choses au mieux, la plus grande épaisseur de l'écorce sous les mers ne suppléerait pas à l'insuffisante attraction de la couche liquide.

Il y a donc lieu, ainsi que l'a proposé M. Le Conte, de renverser la relation de cause à effet. Ce n'est pas la présence de l'eau qui augmente la densité des couches sous-jacentes; c'est, au contraire, la forte densité initiale de ces mêmes régions qui a déterminé leur affaissement, et en a fait des lits tout préparés pour les océans futurs. Il est bien vrai que l'équilibre isostatique ainsi réalisé aura été troublé par l'accumulation de l'eau; mais il aura pu être rétabli par un affaissement ultérieur; et cette vue prend une certaine consistance en présence du fait, aujourd'hui avéré, que les fosses océaniques correspondent à des régions instables et sont le centre habituel des grands ébranlements sismiques.

Quel que soit le mécanisme de la compensation, elle est réalisée avec une approximation remarquable. Non seulement la surface des mers s'écarte peu, au voisinage des côtes, de l'ellipsoïde de révolution, mais l'intensité de la pesanteur garde au milieu même de l'océan des valeurs tout à fait normales, au lieu d'être en déficit comme elle devrait l'être s'il y avait indépendance entre l'altitude et la densité de la croûte. Ce dernier résultat est fondé sur les recherches du Dr Hecker, qui est parvenu récemment à obtenir des mesures précises de la pesanteur en pleine mer[9]. On n'utilise point pour cela les observations du pendule, qui sont impraticables à bord des navires. On leur substitue l'observation simultanée du point d'ébullition de l'eau et de la colonne barométrique. La première lecture donne, en effet, pour la pression atmosphérique une valeur indépendante de l'attraction terrestre, au lieu que la seconde en est affectée, et, de leur comparaison, il est possible de déduire l'intensité de la pesanteur.

Note 9: (retour) *Helmert, Dr Heckers Bestimmung der Schwerkraft auf dem Atlantischen Ocean.* Berlin, 1902.

M. Helmert, qui a discuté les observations du Dr Hecker, est aussi l'auteur d'une méthode remarquable, dite *méthode de condensation,* pour réduire à un niveau uniforme les observations du pendule. Le principe de ses calculs est l'introduction d'une surface fictive S parallèle au géoïde et s'en écartant partout de 21km, de manière à laisser à l'extérieur toutes les fosses océaniques. On réduit les observations du pendule aux points correspondants de la surface S, suivant la verticale, d'après la connaissance que l'on possède de l'altitude et de la constitution géologique aux environs de chaque station. On évite ainsi les difficultés de calcul qui se présentent quand on prend pour surface de comparaison le géoïde, et qui tiennent au défaut de convergence des séries. M. Helmert trouve ainsi, en appelant ψ la latitude géographique, l la longueur du pendule à secondes, g l'accélération due à la pesanteur, ε l'aplatissement:

l = 0m,990918 (1 + 0,005310 sin² ψ),

g = 9m,7800 (1 + 0,005310 sin² ψ),

ε = 1/(299,26 ± 1,26).

On voit par ce dernier chiffre que la méthode suivie accroît la divergence entre les mesures géodésiques et les observations du pendule, mais établit un accord suffisant entre celles-ci et les inductions tirées de la mécanique céleste et des hypothèses de Clairaut.

Enfin, des études récentes poursuivies par le service géodésique des États-Unis jettent du jour sur une question subsidiaire mais intéressante. Lorsque les montagnes voient se modifier, à la longue, leur forme et leur altitude, un mouvement partiel, dans le sens vertical, est réclamé pour le réajustement isostatique. Bien des failles ou ruptures semblent effectivement dues à cette cause; mais leur production est retardée par la cohésion des matériaux, et il subsistera des anomalies locales. Effectivement, les massifs montagneux étudiés en Amérique accusent chacun un déficit général de pesanteur, si l'on ne tient pas compte de leurs racines probables. Mais ce déficit n'atteint pas son maximum aux sommets les plus élevés, comme il devrait arriver si chaque montagne flottait isolément. Il faut considérer le massif dans son ensemble comme flottant, mais certains sommets sont dépourvus de racines propres, et soutenus en partie par la rigidité des parties voisines, sans que la surcharge ainsi imposée à la croûte puisse excéder la limite de sa résistance.

CHAPITRE VII.

LA STRUCTURE INTERNE D'APRÈS LES DONNÉES DE L'ASTRONOMIE ET DE LA GÉOLOGIE.

Les *Principes de Philosophie* de Descartes, publiés à Amsterdam en 1644, renferment, au sujet de l'état intérieur du globe terrestre, la première indication qui n'ait pas un caractère de fiction poétique ou de légende religieuse. Descartes est un adhérent du système de Copernic. Il assimile notre globe à ceux que nous voyons flotter dans l'espace et dont plusieurs sont lumineux par eux-mêmes. La Terre, elle aussi, a dû traverser une période d'incandescence. Elle est un astre éteint, conservant dans son intérieur un feu central. La chaleur observée dans les mines, les éruptions volcaniques, les filons métallifères qui s'insinuent près de la surface, les dislocations mêmes de la croûte, sont pour Descartes autant d'indices de l'état igné de l'intérieur.

Newton, sans être aussi explicite, se place au même point de vue. La forme sphéroïdale est, à ses yeux, la manifestation d'un état d'équilibre relatif. L'aplatissement polaire est commandé par les lois de l'hydrostatique. Pour la facilité du calcul, Newton part de l'hypothèse d'une Terre homogène, mais il ne doute pas que la densité n'aille en croissant vers le centre. Cela suppose que les éléments sont mobiles et que leur répartition s'est faite librement. Pour évaluer la densité moyenne du globe comparée à celle de l'eau, Newton ne dispose que de données bien incomplètes. Il l'estime finalement entre 5 et 6, ce que nous savons aujourd'hui être parfaitement exact.

On doit à Bouguer d'avoir indiqué une méthode rationnelle pour arriver au même but. Si l'on compare les latitudes observées au nord et au sud d'une montagne isolée, on trouve une différence plus grande que celle qui répond au chemin parcouru, parce que l'attraction de la montagne dévie la verticale en deux sens opposés. De la déviation, on déduit le rapport des masses de la montagne et du globe terrestre. La densité de la montagne est connue par l'étude des roches qui la composent, son volume par l'observation de sa forme.

On connaît, d'autre part, avec une approximation suffisante, le volume du globe terrestre; on peut donc calculer sa densité.

Cette méthode ne comporte qu'une faible précision. La déviation observée est petite et la densité moyenne de la montagne ordinairement mal connue. Il y aurait peut-être une exception à faire en faveur de la détermination exécutée en 1880 par Mendenhall sur le Fusiyama. Ce volcan célèbre du Japon présente un cône très régulier de 3731m de hauteur, et sa densité moyenne, évaluée à 2,12, conduit au chiffre 5,77 pour celle du globe terrestre. Mais, si la théorie de l'isostase, appuyée, comme nous l'avons vu au chapitre précédent, par des faits nombreux, est exacte, toute excroissance un peu forte de l'écorce est l'indice d'une anomalie de la densité dans les couches profondes, et les bases du calcul deviennent ainsi très incertaines.

La même objection s'applique aux conséquences que l'on est tenté de tirer de la diminution de la pesanteur observée sur les montagnes. Cette diminution est plus forte que si l'on supposait la montagne simplement ajoutée au géoïde, parce que tout massif saillant repose sur une base souterraine, formée elle-même de couches de faible densité. Mais, suivant l'étendue ou l'importance que l'on accorde à ces racines, on est conduit à des valeurs très différentes pour la densité moyenne du globe terrestre. Les expériences de Carlini sur le mont Cenis lui ont donné 4,39, chiffre porté par les corrections de Schmidt à 4,84.

Un troisième procédé, qui a l'avantage de s'appliquer dans les régions où la constitution de l'écorce peut être présumée normale, consiste à mesurer la variation de l'intensité de la pesanteur suivant la verticale quand on s'enfonce dans un puits de mine.

Huygens avait suggéré cette expérience dès 1682, dans la pensée qu'il en résulterait un argument contre le principe de la gravitation universelle formulé trois ans auparavant par Newton. «Un corps porté au fond d'un puits ou dans quelque carrière ou mine profonde, dit-il, devrait perdre beaucoup de sa pesanteur. Mais on n'a pas trouvé, que je sache, qu'il en perde quoi que ce soit.»

Huygens a raison, et encore partiellement, si l'on joint à la doctrine de l'attraction universelle l'hypothèse d'une Terre homogène. En ce cas l'intensité de l'attraction, quand on pénètre dans l'intérieur, varie comme la distance au centre. Il en est autrement si l'on suppose la Terre hétérogène et les matériaux les plus compacts rassemblés dans les couches profondes. Il se peut très bien alors que la gravitation s'accentue, et c'est en effet ce qui arrive, mais on ne doit point s'attendre à ce que la variation soit rapide. Ainsi dans l'hypothèse de Roche, choisie surtout en vue de rendre facilement intégrable l'équation de Clairaut, la pesanteur augmente jusqu'à une profondeur égale à 1/7 du rayon. Le maximum atteint surpasse de 1/20 la pesanteur à la surface.

Dans cet ordre d'idées le travail expérimental qui semble mériter le plus de confiance est celui de M. de Sterneck. Des pendules ont été disposés à des profondeurs diverses dans un puits de mine à Przibram, jusqu'à 1000m au-dessous du sol. La pesanteur augmente d'une manière sensible. On en déduit le rapport ρ/Δ de la densité superficielle à la densité moyenne, mais la densité superficielle elle-même n'est pas connue avec la précision désirable. On a trouvé pour Δ des valeurs comprises entre 5,01 et 6,28.

La moyenne de ces nombres s'accorde bien avec le résultat d'expériences physiques qui semblent plus susceptibles d'exactitude. Une petite masse métallique suspendue à un fil fin, sans torsion, prend une certaine position d'équilibre sous l'influence de l'attraction terrestre. On en approche une grosse sphère de métal: la position d'équilibre est modifiée. De l'étude des oscillations qui se produisent dans les deux cas autour de la position d'équilibre on déduit le rapport des attractions et, comme on connaît le rapport des distances, on peut calculer le rapport des masses.

La première application de cette méthode a été faite par Cavendish en 1797. Depuis l'expérience a été reprise avec une recherche de précision plus grande par divers physiciens, notamment par Cornu et Baille. On adopte généralement 5,6 comme densité moyenne conclue de ces recherches, sans pouvoir répondre de la décimale suivante.

Quand on pénètre dans l'intérieur de la Terre, l'accroissement de température est encore plus aisé à constater que celui de la pesanteur. On ne peut naturellement lui assigner un taux régulier ni dans une couche superficielle de quelques mètres, soumise aux variations annuelles, ni dans les régions où abondent les émanations volcaniques et les sources thermales. Quand on se place en dehors de ces influences perturbatrices, on observe toujours un échauffement et l'on est conduit à définir un *degré géothermique*, c'est-à-dire le nombre de mètres dont il faut s'enfoncer dans le sol pour voir monter d'un degré le thermomètre centigrade.

En moyenne le degré géothermique est de 40m mais il y a des anomalies locales et l'on peut citer des chiffres compris entre 86m et 15m. Les faibles valeurs (15m à 25m) se rencontrent surtout dans les mines de houille. Les surfaces isothermes se relèvent sous les montagnes, mais moins que le sol lui-même, et moins encore sous les massifs élevés, habituellement couverts de neige ou de glace. Le degré géothermique augmente quelque peu avec la profondeur, d'où la conséquence probable que la température tend vers une valeur à peu près constante et subit, quand on marche en sens contraire, l'influence réfrigérante du milieu ambiant.

Divers savants ont tenté d'interpréter autrement une série d'expériences faites au Sperenberg, près de Berlin, et poussée jusqu'à 1260m de profondeur. La plus grande partie du sondage traversait une couche de sel gemme. Des températures observées, M. Dunker a conclu la formule

$$T = 7°,10 + 0°,01299s - 0°,000001258s^2,$$

où T est la température en degrés centigrades, s la profondeur en pieds. Si l'on appliquait cette formule sans restriction, l'on trouverait à 1621m de la surface un maximum de 50°,9 et au centre de la Terre une température extrêmement basse. Sans aller jusque-là, Mohr, Cari Vogt ont émis l'opinion que les expériences du Sperenberg condamnaient la croyance au feu central. Mais cette conclusion n'est nullement fondée. Le coefficient du terme en s^2 est très incertain, et les observations seraient tout aussi bien représentées par une formule à quatre termes, où le coefficient du terme en s^3 serait positif. L'existence même d'un maximum à 1621m, conclue par extrapolation, est nettement démentie par deux expériences plus récentes, dont les résultats sont résumés dans le Tableau suivant:

Plus grande Degré profondeur Température géothermique Localité. atteinte extrême moyen Schladebach (Saxe prussienne) 1716m 56° 35m,7 Paruschowitz (Haute-Silésie) 2003m 69°,3 34m

Il n'y a donc pas de raison sérieuse pour douter que l'intérieur de notre globe soit très chaud. Si la température tend à croître plus lentement avec la profondeur, ce n'est pas qu'elle soit destinée à diminuer plus loin: cela manifeste seulement l'influence réfrigérante de l'espace externe.

Thomson et Tait ont cherché à se rendre compte du mode de répartition des températures dans l'hypothèse de la fluidité totale. Une égalité approximative a dû se produire dans toute la masse. Les parties denses, accumulées au centre, sont mieux défendues du refroidissement. Mais, d'autre part, en devenant plus chaudes, elles perdent leur excès de densité et sont ramenées vers la surface. Il y a ainsi un brassage qui tend à rendre la température uniforme. Mais, dès qu'une croûte superficielle est formée, cette croûte est soustraite au mélange. Rayonnant vers les espaces célestes, elle emprunte de la chaleur aux couches inférieures et le refroidissement progresse ainsi vers le centre avec une extrême lenteur. Si l'on admet une température initiale de 4000 degrés, on trouve après 100 millions d'années un degré géothermique croissant jusqu'à 30km de profondeur, puis en décroissance lente vers le centre.

La valeur actuelle du degré géothermique semble indiquer que la solidification superficielle ne remonte pas si haut dans le passé. D'après Lord Kelvin il a dû s'écouler, depuis que la surface est devenue solide, 10 millions d'années au moins, 100 millions au plus. Le premier chiffre paraît plus voisin de la vérité que le second. Si la croûte était plus moderne, l'influence de la chaleur interne sur la température de la surface serait plus sensible. Si la croûte était plus ancienne, l'échauffement avec la profondeur serait plus lent.

Même avec des limites aussi largement écartées, cette évaluation présente un grand intérêt, en ce qu'elle assigne une limite supérieure à la durée des phénomènes géologiques. Mais des objections sérieuses ont été faites à la théorie de Lord Kelvin. Elle suppose que, une fois la première croûte formée, la chaleur n'arrive plus à la surface que par conductibilité. Or les épanchements de lave, les émissions gazeuses, les sources thermales sont pour la chaleur interne des agents très actifs de déperdition, et devaient l'être encore plus quand l'écorce était mince. Les bases du calcul sont par suite très incertaines.

Une fois que la croûte est devenue assez épaisse pour mettre obstacle aux épanchements venus de l'intérieur, le refroidissement de la surface suit une marche rapide à cause de la mauvaise conductibilité des roches. Dès à présent, pour le globe terrestre, on peut dire que la température superficielle est maintenue seulement par la radiation solaire et, dans une très faible mesure, par la chaleur interne. L'état final d'équilibre est subordonné à la composition de l'atmosphère et à sa capacité pour absorber les radiations obscures.

Impossibilité prétendue d'une écorce solide.--On a soutenu qu'à aucun moment une écorce solide n'avait pu se former. La plupart des roches augmentent un peu de densité quand elles passent à l'état solide. Elles ne peuvent donc pas, comme des blocs de glace, nager sur le liquide qui a formé les scories. Elles doivent plonger, s'accumuler, à ce que l'on suppose, vers le centre, de telle sorte que la solidification progresse lentement du centre à la surface.

Cet argument est sans force, parce qu'il ne tient pas compte de la diversité des matériaux qui composent la Terre. Plusieurs minéraux, parmi ceux qui jouent un rôle important dans la composition du globe, se dilatent en se solidifiant, comme la glace. Le fer notamment est dans ce cas. Nous avons là déjà les éléments d'une croûte destinée à se maintenir. De plus les matériaux du globe fluide ne peuvent manquer de se superposer à peu près par ordre de densité décroissante. Les scories formées ne peuvent plonger sans rencontrer bientôt une couche de composition différente dont la densité surpasse la leur, et le mouvement de descente se trouve arrêté. C'est, en définitive, la couche superficielle qui se solidifie d'abord.

Impossibilité actuelle d'un noyau solide.--La marche régulière du degré géothermique rend très probable l'existence, dans l'intérieur du globe terrestre, d'une température capable de fondre tous les minéraux connus.

Il se peut, d'autre part, que, pour certains de ces minéraux, la pression croissante soit un obstacle à la fusion. L'augmentation de la température avec la profondeur peut se ralentir. L'augmentation de la pression ne le peut pas. On trouve qu'elle doit atteindre, au centre de la Terre, 1700000 atmosphères dans l'hypothèse de l'homogénéité, 3 millions d'atmosphères dans une hypothèse assez vraisemblable sur l'accroissement de la densité avec la profondeur.

Sous de pareilles pressions, il est certain que tous les solides s'écrasent et se pulvérisent. Même l'acier le plus fin ne résiste guère au delà de 1000km. Il n'y a donc pas à compter sur la rigidité des matériaux pour maintenir à la Terre sa figure, pour s'opposer aux déformations que les forces extérieures tendent à produire.

Cette tendance existe, les marées océaniques en fournissent la preuve. La Terre est défendue contre elle non par la ténacité de ces matériaux, mais par leur viscosité qui les rend insensibles aux sollicitations extérieures quand celles-ci changent fréquemment de sens.

Les énormes pressions qui règnent à l'intérieur du globe ne permettent pas aux métaux ni à leurs composés de passer à l'état de fluides parfaits. Cela est particulièrement applicable aux substances qui, à l'inverse de la glace, se dilatent par la fusion. Le Dr Barus a fait à ce sujet des expériences intéressantes sur les roches qui, en fondant, deviennent pâteuses. Il a trouvé qu'un accroissement de 200atm par degré centigrade maintient la viscosité constante (King and Barus, *Amer. Journal of Science*, Vol. XLV, 1893).

L'intérieur du globe terrestre, ne pouvant être ni rigide ni parfaitement fluide, affecte sans doute un état visqueux, impossible à réaliser dans nos laboratoires faute de pressions suffisantes et dans lequel les frottements intérieurs jouent un rôle très important, en raison du rapprochement des molécules.

Des indications suggestives sont fournies à ce sujet par diverses recherches modernes. Le colonel Burrard, étudiant les variations de la pesanteur dans l'Inde, trouve que les anomalies de la densité cessent d'être sensibles vers 40km ou 50km de profondeur. Les énormes pressions qui règnent dans cette zone amèneraient les éléments chimiques les plus divers à un degré de densité presque uniforme, et l'on comprend ainsi que les métaux lourds puissent être injectés dans les filons jusque près de la surface, au lieu d'être relégués dans les couches lointaines.

L'étude de la propagation des tremblements de terre, faite par le professeur Milne, lui a montré que les secousses sismiques se propagent par l'intérieur du globe plus rapidement que par l'écorce. C'est ainsi que l'ébranlement désastreux qui a détruit en 1905 la ville de San-Francisco est parvenu à Edimbourg en sept minutes. Les couches profondes transmettent donc les vibrations comme le ferait une matière très élastique, très dense, très homogène, ce qui ne veut pas dire qu'elles aient toutes les propriétés d'un métal à la température ordinaire.

Raisons mathématiques invoquées contre l'existence actuelle d'une écorce mince.--Le degré géothermique constaté semble devoir amener l'état liquide à 40km ou 50km de profondeur. L'écrasement des solides par la pression se produirait plus vite encore. La presque totalité de la matière du globe terrestre est donc dénuée de rigidité.

Il se trouve cependant que la théorie du mouvement de la Terre autour de son centre de gravité, théorie développée par les géomètres en supposant la Terre rigide, donne une représentation satisfaisante des phénomènes de précession et de nutation, ainsi que de la grandeur des marées.

Les mathématiciens qui ont fondé cette doctrine n'y ont point vu de difficulté. Ainsi Laplace dit: «Les phénomènes de la précession et de la nutation sont exactement les mêmes que si la mer formait une masse solide avec le sphéroïde qu'elle recouvre» (*Mécanique céleste*, Livre V). Poisson exprime la même opinion: «Les tremblements de terre, les explosions volcaniques, le souffle du vent contre les côtes, les frottements et la pression de la mer sur la partie solide du sphéroïde terrestre, répondant à des actions mutuelles des parties du système, n'influent pas sur la durée du jour.» (*Mécanique*, t. II, p. 461).

Depuis, on a tenté de reprendre la théorie sans supposer au début la Terre solide, et les objections ont surgi. Ainsi Hopkins (*Philosophical Transactions*, 1839) trouve qu'une écorce dont l'épaisseur ne serait pas au moins le quart ou le cinquième du rayon devrait se gonfler et s'affaisser périodiquement, dans une mesure qui ne pourrait échapper à l'observation.

Lord Kelvin (*Phil. Trans.*, 1863) estime que, si la plus grande partie de la Terre n'était pas solide, les phénomènes de précession et de nutation auraient des périodes différentes de celles que l'on observe. De plus, les marées ne se manifesteraient pas, la même déformation s'imposant simultanément à l'eau de la mer et à l'écorce terrestre supposée mince.

Dans un écrit ultérieur, Lord Kelvin abandonne l'argument tiré de la précession et de la nutation et ne retient que celui qui se fonde sur la théorie des marées.

M. G.-H. Darwin (*Phil. Trans.*, 1882) trouve qu'une écorce moins épaisse que le cinquième du rayon ou moins rigide que l'acier ne pourrait ni résister aux oscillations du fluide intérieur, ni supporter sans fléchir le poids des massifs montagneux. Le calcul lui indique aussi qu'un sphéroïde en majeure partie liquide serait sujet à une variation périodique dans la durée de rotation. Cette variation ne pourrait manquer de se répercuter en apparence sur la période des phénomènes astronomiques.

Quel que soit le mérite mathématique de ces travaux, il est extrêmement probable que la manière dont on a introduit la viscosité du liquide interne dans les calculs n'est pas conforme à la réalité. Nous ne savons pas ce que peut être le frottement intérieur dans un liquide soumis à d'aussi fortes pressions. Déjà l'eau de la mer ne suit l'attraction du Soleil et de la Lune qu'avec une lenteur manifeste. C'est ainsi que l'heure de la haute mer présente, par rapport au passage de la Lune au méridien, un retard variable, mais qui atteint communément plusieurs heures. Ce retard ne peut manquer d'être encore plus grand dans le cas du fluide interne; et, comme les forces attractives changent de sens en peu d'heures, par suite du mouvement diurne, le fluide n'a plus le temps de se déformer ou de réagir sur l'écorce. Il ne fait qu'osciller très faiblement autour d'une figure d'équilibre moyenne ou subir une circulation régulière.

De même la surcharge imposée par les montagnes cessera de paraître excessive si l'on introduit la notion de l'hétérogénéité du Globe terrestre. Il suffit d'admettre, comme Airy l'avait déjà indiqué, que les montagnes se prolongent, au-dessous du niveau moyen des plaines, par des racines moins denses que l'ensemble de la croûte. Elles sont alors soutenues à la manière des corps flottants, sans faire aucunement appel à la ténacité des parties voisines.

Arguments de fait en faveur de l'existence d'une écorce mince.--Une première présomption, à l'appui de la mobilité interne du Globe terrestre, résulte des petites variations constatées dans les latitudes géographiques. L'axe principal d'inertie, qui coïncide à peu près avec l'axe de rotation, n'est pas fixe à la surface du Globe, comme il devrait l'être si celui-ci était solide. D'après les travaux du Service international (*Bull. Astr.*, t. XVIII, p. 280), l'amplitude de l'oscillation du pôle a atteint 0",20 de 1895 à 1897, elle est retombée à 0",13 en 1899, à 0",08 en 1900. Ces résultats sont fournis par l'ensemble des six stations distribuées sur le parallèle de 39°. Il y a une période annuelle, compliquée d'une période de 430 jours. Cette dernière a été découverte expérimentalement par M. Chandler, qui lui attribuait à l'origine une amplitude de 0",13. On a tenté sans succès d'expliquer ces déplacements par des transports de matériaux à la surface du Globe (érosion et charriage par les fleuves, dérive des glaces polaires, desséchements de mers intérieures). On pourrait plutôt en rendre compte par une variation de l'influence magnétique du Soleil, comme l'a proposé le Dr Halm, ou comme contre-coup d'une action météorologique. Ainsi un changement de pression représenté par 0m,008 de mercure correspondrait à une variation de 0m,10 du niveau de l'Océan. Si ce changement se produisait à la fois sur la dixième partie de la surface de la Terre, il pourrait en résulter un déplacement de 0",16 dans la direction d'un axe principal d'inertie du Globe. Mais ni le baromètre, ni l'aiguille aimantée, ni l'activité solaire ne montrent la même périodicité que les latitudes.

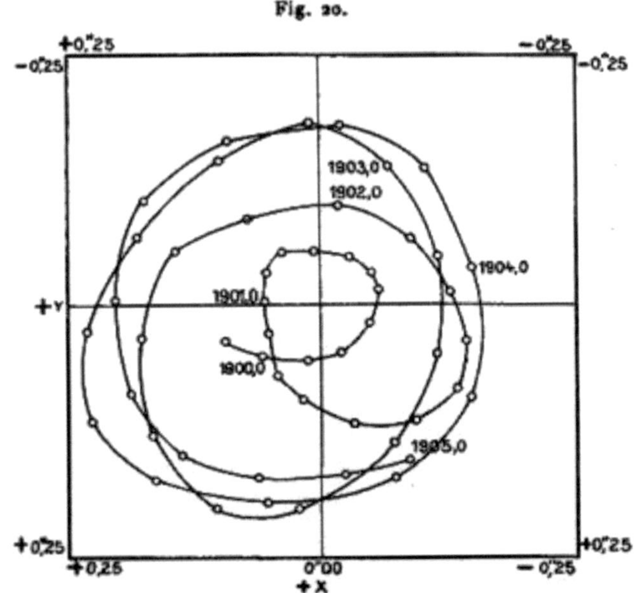

Marche du pôle terrestre à la surface du Globe pendant un intervalle de cinq années, d'après les documents du Service international des Latitudes (*Astronomische Nachrichten,* n° 4017).
La courbe est comprise à l'intérieur d'un carré de o",5o ou 15ᵐ
de côté.

Au contraire, la fluctuation des latitudes peut très bien être regardée comme une conséquence de la circulation du fluide interne,
sans marées visibles. M. Volterra a démontré (*Acta Matematica,* 1899)
que toute anomalie présentée par la rotation libre d'un corps peut
être expliquée par des mouvements internes qui ne changent ni la
forme, ni l'intensité de l'attraction à l'extérieur. La variation des
latitudes est donc en faveur d'un état fluide ou tout au moins
visqueux de l'intérieur du Globe, état compatible avec une circulation régulière. Il est beaucoup plus difficile d'en rendre compte si
toute la masse du Globe est solide.

La distribution des volcans sur tout le contour de l'Océan
Pacifique, sur l'axe de l'Atlantique, sur la ligne des fosses méditerranéennes, l'ampleur et la généralité des éruptions, l'activité in-

définie de certains orifices, le retour simultané de l'effervescence, souvent constaté dans tous les volcans d'une même région, montrent que l'ensemble des volcans doit s'alimenter à un réservoir commun. Il est inadmissible d'installer, comme ont voulu le faire certains géologues, une poche de lave distincte sous chaque montagne éruptive.

D'après cela, l'on doit conclure qu'à une distance relativement faible de la surface, les matières se présentent à l'état fluide, ou repassent facilement à l'état fluide dès qu'une communication est établie avec le dehors, de manière à permettre un abaissement de pression. Les infiltrations de la mer ou des eaux douces ne sont nullement nécessaires pour provoquer des éruptions. Celles-ci apparaissent sur toutes les grandes cassures de l'écorce terrestre, même au centre de l'Asie.

L'ordre et la distribution des matériaux dans l'écorce terrestre font voir aussi qu'il existe, à une profondeur relativement faible, un réservoir commun où tous les éléments chimiques se rencontrent. Ils ont pu ainsi être accidentellement mélangés et amenés jusque près de la surface où cependant les éléments légers dominent toujours si l'on considère de grandes étendues.

M. de Launay a montré (*Comptes rendus*, t. CXXXVIII, 14 mars 1904) que l'on peut assigner par des considérations géologiques l'ordre de superposition des éléments chimiques les plus répandus dans la Terre, à l'époque où elle a cessé d'être entièrement fluide. On est amené ainsi à diviser les corps simples en sept groupes, dont le premier est formé par l'hydrogène, le dernier par les métaux précieux et denses. Il se trouve que ces sept groupes se partagent aussi très nettement par la considération des poids atomiques qui vont en croissant avec la profondeur.

La conclusion de M. de Launay est celle-ci: «Dans la fluidité première de notre planète, les éléments chimiques déjà constitués se sont placés à des distances du centre d'autant plus grandes que leur poids atomique était plus faible, comme si les atomes, absolument libres de toute affinité chimique à ces hautes températures, avaient uniquement et individuellement obéi, dans une sphère fluide en rotation, à l'attraction centrale combinée avec la force centrifuge.»

Cette circonstance témoigne, non seulement de la fluidité primitive, mais d'une fluidité relativement récente. Il a fallu, en effet, que le mélange au moins accidentel de tous les éléments soit demeuré possible jusque près de la surface. Autrement les métaux denses, accumulés près du centre, auraient été séparés de nous par des cloisons solides et nous seraient demeurés à jamais inconnus.

Nous verrons par la suite que l'étude de la surface de la Lune apporte aussi des arguments d'une grande valeur à l'appui de la doctrine de la fluidité interne.

SECONDE PARTIE.

LA LUNE.

CHAPITRE VIII.

LA CONFIGURATION DE LA LUNE ÉTUDIÉE PAR LES MÉTHODES GRAPHIQUES ET MICROMÉTRIQUES. LES CARTES LUNAIRES.

La Lune est, sans comparaison, de tous les corps célestes, celui qui s'approche le plus de la Terre. Sa surface nous apparaît avec une netteté et une permanence absolue, sans interposition d'enveloppes vaporeuses. La perception des détails n'y est limitée que par l'insuffisance de nos moyens optiques et par l'agitation de l'atmosphère terrestre. Notre satellite est donc l'intermédiaire indiqué pour passer de l'étude de la Terre à celle des autres planètes.

Quand on regarde la Lune par une nuit claire, son éclat est trop vif pour un oeil accoutumé à l'obscurité. Les différences de teinte s'apprécient mal; on pourrait croire que l'astre est lumineux par lui-même. Il n'en est rien cependant, comme le montrent le phénomène des phases et celui de la lumière cendrée. La Lune n'est visible que par la lumière solaire qu'elle nous renvoie, et qui reste encore très sensible, après s'être diffusée une fois sur la Terre, une fois sur la Lune, et avoir traversé trois fois toute notre atmosphère.

Les taches se voient mieux dans le jour, surtout un peu avant le lever ou un peu après le coucher du Soleil. Quand la Lune est près de l'horizon, son éclat ne diffère pas beaucoup de celui d'une montagne rocailleuse éloignée. C'est probablement une remarque de ce genre qui a conduit Thalès (cité par Théodoret) à penser que la Lune était formée de la même substance que la Terre. Démocrite ajoute que les taches doivent résulter de la présence de montagnes et de vallées. On peut, en effet, si l'on est doué d'une bonne vue, constater sans instruments des irrégularités sur la ligne de séparation de l'ombre et de la lumière, ligne pour laquelle nous adopterons désormais l'appellation abrégée de *terminateur*.

Xénophane (cité par Cicéron, *Questions académiques*, Livre IV) va plus loin. Son opinion est que la Lune est habitée, qu'il s'y trouve en grand nombre des montagnes et des villes. Une croyance anciennement répandue, rapportée par Plutarque et Achille Tatius, veut qu'il existe à l'intérieur de la Lune de vastes cavernes, avec une région peuplée. D'autres voient dans ce disque brillant un miroir qui nous réfléchit l'image de la Terre.

Aristote attache peu d'importance à ces imaginations, que l'on a vu cependant reparaître jusque chez nos contemporains. Il conclut fort bien de la succession des phases que la Lune est une sphère exclusivement éclairée par le Soleil, de la persistance des taches que cette sphère nous présente toujours la même face. Il cite une occultation de Mars comme une preuve que cette planète est plus éloignée de nous que la Lune.

On doit à Aristarque, qui vécut à Samos de 320 à 250 avant notre ère, une méthode correcte en théorie, bien que peu pratique, pour évaluer le rapport des distances de la Lune et du Soleil. Il note qu'au moment de la quadrature, la Lune doit former le sommet de l'angle droit dans un triangle rectangle dont les deux autres sommets sont occupés par le Soleil et la Terre. On peut mesurer l'angle dont la Terre est le sommet, et par suite construire un triangle semblable.

Il faut ensuite, pour enregistrer un progrès notable, descendre jusqu'à l'époque moderne. Galilée paraît avoir eu le premier l'occasion d'examiner la Lune avec une lunette astronomique, construite de ses mains. Il acquit aussitôt la conviction de la nature montagneuse du sol. Ayant remarqué qu'au moment de la quadrature les sommets des montagnes peuvent rester éclairés jusqu'à une distance du terminateur estimée au vingtième du rayon, il aperçut dans cette circonstance un moyen de calculer la hauteur des montagnes lunaires. Les altitudes trouvées par lui (8km à 9km) sont notablement exagérées. De telles différences de niveau ne se rencontrent entre points voisins que près du pôle Sud, où la méthode de Galilée n'est pas applicable.

Distribution générale des teintes sur la Lune.

(D'après l'ouvrage intitulé : *Voyage historique dans l'Amérique méridionale*, par Don George Juan et Don Antoine de Ulloa ; Amsterdam, 1752.)

Agrandissement

Par des observations suivies, accompagnées de dessins, Galilée s'assura que la Lune ne tourne pas vers nous toujours exactement la même face. Des fuseaux se découvrent et se cachent alternativement sur les bords: leur largeur totale peut s'élever à 15° au maximum. Il y a une libration en longitude qui dépend surtout de la position dans l'orbite, une libration en latitude subordonnée principalement à la latitude de la Lune et une libration diurne, variant avec la distance au méridien. Galilée n'a reconnu que les deux dernières. Il a construit une Carte d'ensemble assez sommaire, où les positions des principaux objets sont fixées par simple estime.

Vers la même époque, le P. Scheiner, professeur à Ingoldstadt et connu surtout par ses observations de taches solaires, exécuta de nombreux dessins de la Lune.

Une Carte demeurée fort rare, mais d'une exécution tout à fait remarquable pour l'époque (1645), est celle de Langrenus, cosmographe du roi d'Espagne Philippe IV. Il distingue sur notre satellite trois sortes d'objets: les taches sombres, visibles à l'oeil nu, qu'il appelle des *mers*: nous y trouvons une Mer autrichienne, un Détroit catholique, etc. Les espaces brillants qui les séparent sont des *terres*, décorées de noms allégoriques: Terres de la Paix, de la Vertu, de la Justice. Nous y rencontrons enfin une multitude de bassins parfaitement circulaires, où des ombres se forment dès que le Soleil s'incline un peu sur l'horizon, ce qui indique une grande profondeur. Langrenus les place sous le patronage de diverses personnes, soit des savants illustres, soit des souverains. Mais ici la politique intervient trop visiblement, et c'est à elle qu'il faut s'en prendre si la nomenclature de Langrenus n'a pas été conservée. Son Philippe IV est devenu Copernic. Louis XIV, encore bien jeune, s'est vu remplacé par Alphonse, roi de Castille; Mazarin, qui figure comme satellite à côté d'Anne d'Autriche, a disparu des Cartes de la Lune, et le pape Innocent X a cédé la place à Ptolémée. Le mode de dessin des cirques indique qu'ils ont été vus, en général, éclairés par l'Ouest. Les positions et les grandeurs relatives sont à peu près aussi exactes qu'on peut l'attendre d'observations faites par simple estime, sans micromètre (*fig. 22*).

Dans la légende placée en marge de sa Carte, Langrenus annonce qu'il tient en réserve une foule d'observations importantes et qu'il se propose de faire paraître un Atlas représentant 30 phases différentes. Il ne semble pas que ce projet ait été réalisé.

Carte lunaire de Langrenus (1645).
(L'auteur a inscrit dans les angles de cette Carte un résumé des opinions
des principaux philosophes anciens concernant la Lune.)

Agrandissement

La même année un capucin autrichien, le P. de Rheita, publia un ouvrage mystique intitulé *Oculus Enoch et Eliæ*, où il réfute diverses opinions qui avaient cours à cette époque au sujet de la Lune. La

97

carte jointe à ce livre ne marque pas un progrès en ce qui concerne le détail des cirques, mais s'attache à la ressemblance générale et à la gradation des teintes. Rheita porte son attention sur les bandes brillantes qui divergent de certains points du disque et en donne une explication optique, d'ailleurs des plus hasardées.

Deux ans plus tard (1647) paraissait la *Sélénographie* d'Hévélius, le célèbre astronome de Dantzick, appelé plus tard en France par Louis XIV. Sa Carte, qui attribue des noms à 250 objets environ, est plus complète que celle de Langrenus, mais certainement moins claire et moins expressive (*fig. 23*). Des dessins spéciaux sont consacrés aux formations les plus intéressantes. Les hauteurs sont calculées par le procédé de Galilée, mais avec plus de discernement et de précision. Hévélius constate l'existence de la libration en longitude et l'attribue à tort à ce que la Lune serait assujettie à présenter toujours la même face au centre de l'orbite, alors que la Terre en occupe non le centre, mais le foyer. Il tente de déterminer l'axe de rotation de la Lune, et trouve, par une approximation assez grossière, qu'il est perpendiculaire sur l'écliptique.

Le P. Riccioli, que nous avons eu à citer à propos des mesures d'arc de méridien, a eu la bonne fortune de faire adopter une nomenclature entièrement nouvelle. Les noms des mers sont suggérés par l'influence présumée de la Lune sur la pluie, la température ou même l'hygiène publique. Nous voyons apparaître une mer de la Sérénité et un océan des Tempêtes, une mer des Crises et une mer des Vapeurs, une mer des Humeurs et un golfe de la Rosée. Les massifs saillants qui bordent les mers reçoivent les noms de montagnes terrestres: les Apennins, les Alpes, le Caucase, les Pyrénées. Pour les cirques, Riccioli donne avec raison aux astronomes éminents la préférence sur les hommes politiques que Langrenus avait fait figurer en première ligne. Il attribue les objets les plus marquants et les mieux isolés aux philosophes anciens, Platon, Aristote, Archimède, Ératosthène, Hipparque, Ptolémée. Parmi les modernes, Copernic, Tycho Brahé, Kepler, Gassendi sont les mieux partagés. Les amis ou les confrères de Riccioli n'ont pas davantage lieu de se plaindre. Restent les astronomes qui n'étaient pas dans les bonnes grâces de l'auteur ou qui avaient le malheur de n'être pas nés à cette époque. Ils trouveront les meilleures places prises, et devront se contenter de formations secondaires ou difficiles à identifier. Mais ce manque de justice distributive était à peu près inévitable. On ne pourrait plus guère apporter un changement radical à la nomenclature de Riccioli, quelque peu complétée par la suite, sans risquer de produire une grande confusion. En ce qui concerne le calcul des positions et des hauteurs, et généralement la topographie, la Carte de Riccioli, exécutée en collaboration avec Grimaldi, marque peu de progrès sur celles de Langrenus et d'Hévélius.

Fig. 13.

Carte lunaire d'Hévélius (1645).

(Les deux cercles représentent les limites de la libration en latitude. On remarquera qu'il y a fort peu de détails nets dans les fuseaux rendus alternativement visibles par la libration.)

Il en est autrement des recherches de Newton, qui ouvrent dans plusieurs directions des voies essentiellement nouvelles. Dès 1676, dans une lettre à Mercator, il donne la vraie cause de la libration en longitude, résultant de l'excentricité de l'orbite lunaire, combinée avec l'uniformité du mouvement de rotation. Le livre des *Principes*, publié en 1687, emprunte au mouvement de la Lune les exemples les plus décisifs en faveur de la loi de la gravitation universelle. Newton y explique géométriquement la révolution des noeds de l'orbite en 18 ans 2/3 et la rattache à l'action perturbatrice du Soleil. Il rend compte aussi des principales inégalités en longitude, mais, comme Hévélius, croit que l'axe de rotation de la Lune est perpendiculaire à l'écliptique. Le fait que la Lune nous présente toujours la même face est pour lui un indice que le globe lunaire doit être allongé dans la direction de la Terre. Mais il n'y a aucune probabilité, en dehors de conditions initiales très particulières, pour que cet état de choses ait toujours été réalisé. On doit s'attendre à ce que notre satellite exécute des oscillations autour de cette position d'équilibre relatif. Sa vitesse de rotation n'est donc pas exactement uniforme, et la libration optique ou apparente, en longitude, doit être compliquée d'une libration réelle. L'importance de cette libration n'est pas indiquée par la théorie de Newton. Jusqu'à présent, il n'a pas été possible de la mettre en évidence par l'observation, non plus que l'allongement du globe lunaire vers la Terre. On n'a d'ailleurs pas constaté davantage un aplatissement suivant la ligne des pôles. Le méridien ne présente, par rapport à la forme circulaire, que des inégalités purement accidentelles. Cette circonstance était à prévoir d'après la théorie de Clairaut. Les limites $\varphi/2$ et $5\varphi/4$ sont ici 600 fois plus petites environ que pour la Terre. Même dans l'hypothèse de l'homogénéité, qui serait la plus favorable, on n'entrevoit aucune chance de constater l'aplatissement.

Peu d'années après la publication du livre des *Principes*, les lois exactes de la libration de la Lune étaient découvertes par Dominique Cassini (1693). Ces lois sont les suivantes:

1° La Lune tourne autour d'un axe dont les pôles sont fixes à sa surface. Ce mouvement est uniforme; sa période est égale à une révolution sidérale de la Lune.

2° L'axe de rotation est incliné d'un angle constant et différent de 90° sur l'écliptique.

3° L'axe de l'écliptique, l'axe de rotation et l'axe de l'orbite sont constamment parallèles à un même plan.

On notera que, si la première loi n'était pas rigoureuse, toutes les parties de la surface de la Lune deviendraient visibles à la longue. Ces règles étant admises, on peut prédire l'aspect du disque pour une époque quelconque et ramener toutes les configurations observées à un état de libration moyenne. On prend pour origine des latitudes l'équateur, pour origine des longitudes le méridien, fixe sur la surface de la Lune, qui jouit de la propriété de s'écarter de quantités égales de part et d'autre du centre apparent.

Cassini avait publié antérieurement (1680) une Carte de la Lune plus complète que celle d'Hévélius. Il aurait pu, par l'application des lois qu'il avait posées, donner à cette Carte une base mathématique. Ce travail ne fut accompli que beaucoup plus tard par Tobie Mayer, astronome de Goettingue (1748). A la valeur 2° 30' donnée par Cassini pour l'inclinaison de l'équateur sur l'écliptique, il substitua la valeur beaucoup plus exacte 1° 29'. Le chiffre adopté aujourd'hui est 1° 31'. La Carte de Tobie Mayer est la première où l'on se soit conformé à l'orientation apparente dans les lunettes.

William Herschel porta son attention de 1777 à 1779 sur la topographie de la Lune. On lui doit une série de mesures de la hauteur des montagnes. Ses résultats sont bien plus faibles que ceux des observateurs qui l'ont précédé ou suivi. Selon lui, la hauteur des montagnes excéderait rarement 1000m. Il est probable que Herschel considérait comme la surface véritable de la Lune celle des plateaux qui séparent les cirques et qu'il évaluait la différence d'altitude entre le bourrelet des cirques et le plateau extérieur. On trouve des chiffres beaucoup plus forts quand on compare le rebord d'un cirque à la plaine intérieure, ou le fond d'une mer aux montagnes qui en forment la limite.

Herschel a cru, à diverses reprises, apercevoir des volcans en activité dans la partie obscure de la Lune. Ailleurs, il considère comme très probable, sinon certain, que la Lune est habitée. Ni dans un cas ni dans l'autre, ses observations ou ses raisonnements ne sont présentés sous une forme qui entraîne la conviction.

Le premier essai de topographie vraiment détaillée est dû à Schröter. Ses observations, commencées à Lilienthal en 1784, ont abouti à la publication de deux volumes de *Selenotopographische Fragmente*, parus en 1791 et 1802. Jamais avant lui on n'avait appliqué à ce genre de recherches des instruments aussi puissants. L'un de ses télescopes avait 19 pouces d'ouverture. Schröter n'a point donné de Carte d'ensemble, mais une multitude de dessins partiels relatifs à des phases diverses. Dans ce travail, accompli avec beaucoup de persévérance, il eut l'occasion d'enrichir la nomenclature et de signaler de nombreux détails restés inaperçus avant lui. Son titre le mieux caractérisé est d'avoir inauguré une méthode nouvelle pour l'évaluation des hauteurs des montagnes. Elle repose sur la mesure micrométrique de l'ombre projetée, combinée avec le calcul de la hauteur du Soleil pour le point qui est l'origine de l'ombre. Ce procédé, plus précis que la mesure de la distance au terminateur, est applicable dans des cas moins limités. Toutefois il est encore fréquent qu'il tombe en défaut, et il ne fournit jamais que des différences entre le sommet d'une montagne et une plaine voisine.

Schröter observa, non sans surprise, des divergences manifestes entre ses dessins d'une même région, effectués à des époques différentes. Dans un grand nombre de cas, il fut amené à conclure que des changements réels s'étaient accomplis sur notre satellite. Mais ces conclusions n'ont pas été acceptées par la généralité des astronomes. Ils estiment ou bien que Schröter n'a pas suffisamment tenu compte des apparences occasionnées par le changement des positions relatives de la Terre, du Soleil et de la Lune, ou bien, dans les cas de divergence certaine, que l'état ancien n'était pas établi par un ensemble suffisant de témoignages.

Pour affirmer qu'il y a eu modification physique, il serait évidemment désirable d'avoir des Cartes lunaires établies par une méthode vraiment rigoureuse, c'est-à-dire reposant sur la triangulation d'un certain nombre de signaux bien choisis. Par des contrôles répétés, on peut assigner une limite supérieure à l'erreur possible d'un réseau géodésique; et, si l'un des sommets vient à se déplacer d'une quantité supérieure à cette limite, la Carte est un témoin irrécusable qui peut attester la réalité du déplacement. Quand le réseau est suffisamment serré, les déplacements du même ordre qui se produisent dans l'intérieur des mailles peuvent être établis avec une certitude équivalente. Les points du premier ordre de la Carte de France, par exemple, ne comportent que quelques décimètres d'erreur.

Nous n'en sommes pas là pour la Lune: les positions sélénographiques y sont facilement en erreur de 30' près des bords, de 5' à 10' dans la partie centrale. Cela tient à deux causes: 1° l'incertitude des éléments de la libration, qui affecte le passage de la configuration apparente à la configuration moyenne; 2° l'absence d'objets géométriquement définis, analogues aux signaux artificiels des géodésiens. Nulle part nous n'observons de points lumineux invariablement liés à la surface; pas davantage d'arêtes vives, dont l'intersection soit définie indépendamment de l'éclairement solaire.

Pour combler la première lacune, il suffit à la rigueur d'avoir un seul signal bien défini, et d'observer avec la persévérance nécessaire sa situation par rapport au centre apparent du disque. Arago, Bouvard et Nicollet ont fait dans ce but, de 1806 à 1818, d'importantes séries de mesures micrométriques. L'objet choisi était le pic central du cirque Manilius. Ce choix n'était pas le plus heureux qu'on pût faire. Le sommet de ce pic est arrondi, peut-être multiple, et il est probable que ce n'est pas toujours le même point que l'on adopte pour sommet quand l'éclairement change. Depuis, Schlüter, Wichmann, M. Franz ont exécuté avec l'héliomètre des séries analogues en prenant pour point fondamental le centre du petit cratère Moesting A, bien circulaire et très net. On ne doit pas se flatter cependant que l'appréciation du centre soit tout à fait indépendante de la phase, et l'on peut regretter aussi qu'aucune de ces séries de mesures n'embrasse un intervalle équivalent à la moitié de la révolution des noeuds de la Lune. Jusqu'ici, ces opérations confirment l'exactitude des lois de Cassini et n'indiquent aucune libration réelle venant s'ajouter à la libration optique. Elles permettent de regarder l'origine des coordonnées lunaires comme fixée à la surface du globe avec une approximation de quelques secondes d'arc. (On se rappellera que l'arc de 1" équivaut à peu près à 2km.) Il est probable que cette incertitude sera bientôt restreinte, dans une proportion notable, par l'emploi des documents photographiques. MM. Franz, Hayn, Saunder ont entrepris dans ce but des travaux qui ne sont pas encore complètement publiés. Quant à présent, la base de la Sélénographie mathématique est encore la triangulation exécutée en 1824 par Lohrmann, complétée de 1830 à 1837 par Beer et Mädler. Ces deux derniers auteurs ont donné une Carte complète à l'échelle de 1m environ pour le diamètre de la Lune, avec une description topographique très soignée. Chaque fois qu'ils se sont trouvés en désaccord avec leurs prédécesseurs, ils ont examiné les origines du conflit, et toujours ils sont arrivés à la conclusion que les anciens documents devaient être tenus pour suspects et que la réalité du changement présumé était fort douteuse.

La seule opération graphique, étendue à l'ensemble de la Lune, qui ait marqué un progrès sur l'ouvrage de Beer et Mädler, est la Carte de J. Schmidt, directeur de l'Observatoire d'Athènes. Cette Carte, reposant sur des observations faites de 1848 à 1874 et dressée à l'échelle de 1m,80 pour le diamètre lunaire, est sans rivale pour la clarté du dessin et l'abondance des détails. On doit reconnaître toutefois qu'elle a souvent le caractère d'une interprétation discutable et ne peut prétendre à la ressemblance, puisqu'elle ne se rapporte à aucun éclairement déterminé. Les inclinaisons du sol, les teintes des objets, leur importance relative seront très souvent mal appréciées à l'inspection de la Carte seule (*fig. 24*).

En l'absence d'ombres, de cotes ou de lignes de niveau, on ne peut évidemment espérer donner une idée correcte du relief. De même que Mädler, Schmidt s'est servi de hachures, mais sans pouvoir les établir dans une relation déterminée avec la pente. On a tenté de sortir de cette difficulté par une autre voie. Il est possible de construire par tâtonnements un modèle en plâtre qui, sous diverses incidences de lumière, donne la même série d'apparences qu'un paysage lunaire dans les phases successives. Cette méthode laborieuse a été appliquée par Nasmyth et Carpenter. Elle donne des images très nettes, très expressives, mais qui ne portent pas leur contrôle avec elles et qui, par suite, ne doivent être consultées qu'avec une certaine défiance. Elles ne sauraient remplacer l'ensemble des dessins qui ont servi à les construire, car elles font intervenir certaines propriétés physiques de la substance employée, et, dans une plus large mesure, la personnalité de l'opérateur. On peut encore espérer qu'un dessinateur consciencieux ne figurera rien dont il ne soit sûr. Le mouleur le plus habile introduira fatalement des détails qui n'existent pas.

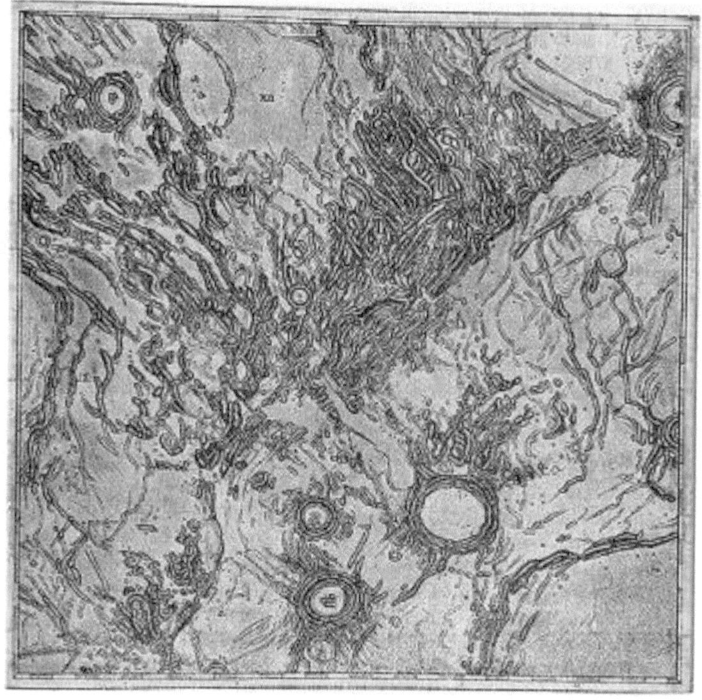

Fragment de la Carte lunaire de Schmidt.

(Le plus grand cirque figuré ici est Archimède; au-dessus se déploie en éventail le massif des Apennins. — Comparer avec la représentation photographique de la même région, *fig.* 36.)

En dehors de ces travaux d'ensemble, de nombreux observateurs se sont livrés à des études topographiques de détail. Mais on doit avouer que presque toujours leurs dessins supportent, moins bien que la Carte de Schmidt, la comparaison avec les photographies modernes. Il semble qu'à la longue le désir de montrer tout ce qui peut se voir l'emporte toujours sur le scrupule de ne figurer que ce que l'on a vu avec certitude. Malgré tout le labeur et l'habileté dépensés dans cette direction, il est ordinairement impossible de réconcilier ensemble les dessins de source différente et l'on arrive à la conviction que des changements apparents considérables peuvent se manifester sans qu'il y ait lieu de conclure à des variations réelles. De plus, la représentation graphique d'un site un peu complexe ne se rapporte jamais à une phase bien définie, car le temps nécessaire à l'exécution suffit pour faire varier la place et l'étendue des ombres.

Déjà Riccioli avait été amené à penser qu'aucune altération permanente ne se produit plus à la surface de la Lune, que celle-ci est totalement aride et inhabitable.

Hévélius et Herschel inclinent à l'opinion contraire. Cassini cite des exemples de nuages et de points lumineux temporaires.

Schröter et Gruithuisen, astronome de Münich, relèvent nombre d'objets facilement visibles, omis sur les Cartes anciennes. Ils croient pouvoir en inférer que ces objets sont des formations modernes.

Beer et Mädler repoussent cette conclusion. L'enquête à laquelle ils se sont livrés, dans presque tous les cas signalés, leur a montré que les sélénographes du XVIIe siècle n'ont poussé assez loin ni l'exactitude générale, ni le souci du détail. Deux documents de cette époque ne s'accordent pas mieux entre eux qu'avec les documents modernes. En somme, la permanence est plus probable, sauf deux ou trois points où le doute reste permis. Mais Beer et Mädler, par le caractère uniforme et compréhensif de leur travail, donnent une base plus solide aux discussions futures. Aucun objet net et étendu n'a pu leur échapper, pas plus qu'aux photographies modernes.

Parmi les points signalés par Schröter, comme offrant une apparence fugitive et changeante, se trouvent deux petits cirques voisins, perceptibles sans difficulté dans les petits instruments. Ces deux orifices, connus aujourd'hui sous les noms de *Messier* et *Messier A*, se trouvent dans la mer de la Fécondité. Du côté de l'Est s'en échappe une double traînée lumineuse, rectiligne, qui simule fort bien une queue de comète (*fig. 28* et *29*).

Beer et Mädler, désireux de contrôler l'observation de Schröter, reviennent sur Messier chaque fois qu'ils en rencontrent l'occasion. Ce qui les frappe surtout, c'est la ressemblance absolue, on pourrait dire l'identité d'aspect des deux cirques. Voici, sur ce sujet, leurs propres paroles: «Près de ce cirque d'éclat 7°, de 16km de diamètre, se trouve à l'Est un cirque entièrement semblable sous tous les rapports. Diamètre, forme, hauteur et profondeur, teinte de l'intérieur, même la position de quelques sommets sur le rempart, tout s'accorde de telle façon qu'il doit y avoir là un jeu bien singulier du hasard ou l'intervention de quelque loi encore inconnue de la nature.... Messier est probablement cet objet que Schröter (Part. II, § 688) incline à considérer comme une apparition lumineuse accidentelle. Nous pouvons assurer que, depuis 1829, dans plus de trois cents occasions, aussi souvent que cette région était bien visible, nous l'avons toujours vue telle que nous l'avons décrite, alors qu'avec une apparence aussi précise, même le plus léger changement de grandeur de forme ou de teinte aurait dû se faire remarquer, et que l'observation de Schröter nous engageait à étudier attentivement cette localité.»

Bientôt après, en 1842, Gruithuisen nota que les deux cirques ne paraissaient plus égaux. Webb répéta l'observation en 1855 et en fit ressortir toute l'importance. Cette inégalité, qui avait pu échapper si longtemps à l'attention d'observateurs habiles et persévérants, était devenue très apparente dans une médiocre lunette. Il est aujourd'hui facile de l'enregistrer par la Photographie. Sous un éclairement oblique, Messier se montre toujours plus petit et moins net que Messier A, le premier étant aplati dans le sens du méridien, le second plus développé en latitude. C'est seulement pendant quelques jours chaque mois que les deux cirques, sous un éclairement presque normal, apparaissent comme deux taches lumineuses égales. Il est contraire à toute vraisemblance que Beer et Mädler aient limité leur examen à cette courte période notoirement défavorable pour l'appréciation des formes. Il y a donc lieu de conclure qu'il s'est produit un changement intrinsèque et définitif, mais nous ne voyons pas de raison suffisante pour admettre, avec M. W.-H. Pickering, qu'il y a variation périodique. Ces deux cirques sont, comme beaucoup d'autres, enveloppés chacun d'une auréole claire, à peu près circulaire. Ces auréoles échappent souvent à la vue, soit parce qu'elles ne forment pas un contraste suffisant avec un fond déjà très lumineux, soit parce que leur teinte propre ne se développe pas dans un éclairement déjà très oblique. Près du lever ou du coucher du Soleil, c'est le relief du bourrelet qui détermine l'étendue apparente du cirque. Quand le Soleil approche du méridien, on ne voit plus que l'auréole, et c'est par elle que l'on apprécie l'importance de la formation. Les deux orifices de Messier sont inégaux, les deux auréoles sont égales: de là la diversité des jugements.

Nous renverrons aux Ouvrages spéciaux pour la discussion des cas analogues. Celui que nous avons choisi comme exemple est le plus frappant, parce que, dans aucun autre, la différence entre l'état initial et l'état actuel n'est attestée par autant de témoignages concordants. Si réellement des changements de cet ordre se produisent encore, ils ne peuvent manquer d'être mis en lumière un jour ou l'autre par la comparaison des documents photographiques. Désormais, c'est à cette nouvelle source d'informations que nous aurons recours; mais, pour l'interpréter plus sûrement, il sera utile que nous empruntions à la Mécanique céleste et à la Physique quelques données sur les derniers états que notre satellite a traversés avant de parvenir à sa configuration actuelle et sur les forces qui peuvent régner à sa surface.

CHAPITRE IX.

LA GENÈSE DU GLOBE LUNAIRE ET LES CONDITIONS PHYSIQUES A SA SURFACE.

On connaît la conception séduisante par laquelle Laplace a tenté de résumer dans ses grandes lignes la formation du système solaire. Présentée par l'illustre auteur, «avec la défiance que doit inspirer tout ce qui n'est pas un résultat de l'observation ou du calcul», l'hypothèse nébulaire prend plus de précision et de consistance à mesure que l'on considère des époques plus rapprochées de la nôtre, des états plus voisins de l'état actuel. Elle est capable, en particulier, de fournir des indications précieuses si on l'applique au système restreint formé par la Terre et la Lune, et dans lequel le Soleil intervient comme agent de perturbation.

L'état primitif nous est absolument inconnu et celui dont Laplace est parti ne représente pas même ici une approximation vraisemblable. La marche rationnelle serait donc la suivante: partir de l'état actuel, introduire comme fonctions du temps les principaux éléments du système, volumes, densités, durées de rotation et de révolution; former les équations différentielles dont ces fonctions dépendent; les intégrer au moins approximativement; dans les intégrales, donner au temps des valeurs positives ou négatives, suivant que l'on veut prévoir l'avenir ou reconstituer le passé.

Ce programme, pris à la lettre, dépasse encore les ressources de l'Analyse. Il faut le modifier en partant d'un état fictif, aussi voisin que possible de l'état actuel, mais choisi de manière à faciliter le calcul. On peut espérer obtenir ainsi au moins un aperçu de la manière dont les choses se sont passées. La tentative la plus heureuse qui ait été faite dans ce sens est celle de M. G.-H. Darwin, dont les Mémoires ont paru dans les *Philosophical Transactions*. Nous allons essayer de résumer ici les conclusions du plus important[10].

Note 10: (retour) G.-H. Darwin, *On the precession of a viscous spheroïd and on the remote history of the Earth* (*Phil. Trans.*, vol. CLXX, 1879).

M. Darwin suppose la Terre et la Lune encore fluides et homogènes, la viscosité constante, le plan de l'orbite lunaire en coïncidence avec le plan de l'écliptique. Les autres éléments, partant de leurs valeurs actuelles, vont varier, et la principale cause de cette variation sera le frottement des marées.

Fig. 25.

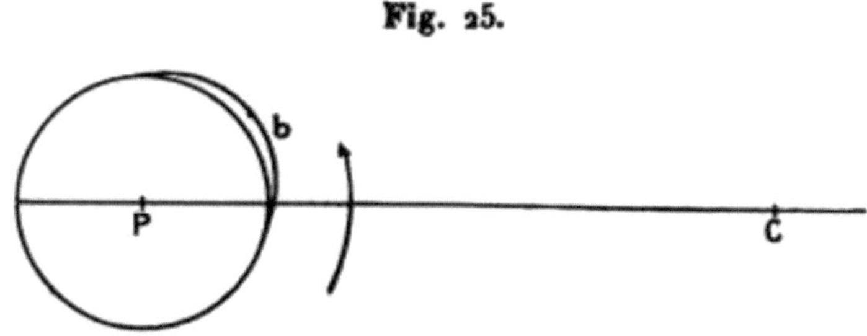

On comprend sans peine l'origine de ce frottement (*fig. 25*). Si une planète P tourne dans le sens direct, en présence d'un autre corps C, l'attraction de ce corps va provoquer la formation d'un bourrelet saillant *b*, situé du côté de C. Le mouvement diurne, supposé plus rapide que le mouvement de révolution, emporte ce bourrelet vers l'Est, mais l'attraction du corps C tend à le ramener sur la ligne PC. Le bourrelet liquide est donc constamment traîné sur la planète et agit comme un frein pour éteindre la vitesse de rotation. L'action continue dans le même sens tant que la durée de la révolution sidérale (que l'on peut appeler *mois*) surpasse celle de la rotation diurne (que l'on peut appeler *jour*). L'action s'arrête, en même temps que les marées, quand le mois est devenu égal au jour, et la planète P prend, d'une façon permanente, une forme allongée dans la direction PC.

Ainsi l'action de la Terre a réalisé pour la Lune cette égalité, enfermée dans la première loi de Cassini. On peut se demander pourquoi l'effet correspondant ne s'est pas produit pour la Terre, et pourquoi notre jour sidéral n'est pas devenu égal à la révolution sidérale de la Lune. Mais il est facile de voir qu'entre notre globe et son satellite la partie était loin d'être égale. La Terre, plus volumineuse, provoque sur la Lune des marées bien plus fortes. Le frein mis en jeu, agissant sur une masse moindre, est plus efficace. La Terre agit 12000 fois plus vite pour ralentir la rotation de la Lune que la Lune pour ralentir la rotation de la Terre.

Ce phénomène a des répercussions qui n'apparaissent pas à première vue, mais dont le calcul démontre la nécessité. L'énergie cinétique disparue dans le ralentissement de la rotation de la planète P doit inévitablement se retrouver quelque part. Il y a, en effet, échauffement de la planète P, ou atténuation du refroidissement si celle-ci rayonne vers l'espace. Mais ce n'est pas tout: le bourrelet *b* attirant la planète C du côté où déjà elle tend à se mouvoir, augmente sa vitesse linéaire et la fait sortir de son orbite relative. A cette augmentation de distance correspond un ralentissement dans le mouvement angulaire. En somme, si nous considérons l'effet des marées terrestres, il y a transport d'énergie cinétique du mouvement diurne de la Terre au mouvement orbital de la Lune.

A côté de cette répercussion réelle, il peut s'en produire une autre qui n'est qu'apparente. Nos procédés de mesure du temps sont fondés sur la constance présumée du jour sidéral. Si la rotation de la Terre se ralentit, le jour sidéral s'allonge. Les phénomènes mesurés avec cette unité deviennent en apparence plus rapides. C'est le cas pour le mouvement angulaire de la Lune qui subirait une accélération apparente supérieure, comme M. Darwin le démontre, à son ralentissement réel.

Ces résultats subsistent pour toutes les hypothèses vraisemblables sur la viscosité. Si l'on supposait, au contraire, la masse de la Terre solide et parfaitement élastique, on trouverait pour le moyen mouvement de la Lune une accélération réelle de 3",5 et pour le jour sidéral une durée presque invariable.

Les conclusions de M. Darwin sont résumées dans le Tableau suivant, qui nous retrace à grands traits, pour une période de 56 millions d'années en remontant dans le passé, l'histoire de la Terre et de son satellite:

Colonnes: A: Temps (--t) en années. B: Jour sidéral en heures de temps moyen. C: Révolution sidérale en jours moyens. D: Obliquité de l'écliptique. E: Inverse de l'ellipticité. F: Distance de la Terre à la Lune en rayons terrestres. G: Chaleur engendrés en degrés Farenheit. États A B C D E F G h m j ° ' °
État initial 0 23.56 27.32 23.28 232 60,4 0 I 46 300 000 15.30 18.62 20.40 96 46,8 225 II 56 600 000 9.55 8.17 17.20 40 27,0 760 III 56 800 000 7.50 3.59 15.30 25 15,6 1300 IV 56 810 000 6.45 1.58 14.25 18 9,0 1760

On voit qu'une transformation très profonde s'accomplit dans un temps relativement court à partir de l'époque $t = -56\,600\,000$. En remontant vers cette époque, on assiste à une diminution de plus en plus rapide du jour, du mois et de l'obliquité. Cela tient à ce que, la Lune se rapprochant de la Terre, la force retardatrice des marées augmente énormément. Il est vrai qu'avec une rotation plus rapide la production des marées serait plus fortement entravée par le frottement intérieur, ce qui fait, jusqu'à un certain point, compensation.

En prolongeant ce Tableau, on arriverait à l'époque où la Terre et la Lune étaient confondues ensemble. La méthode de calcul de M. Darwin ne peut plus servir de guide dans le détail, lorsqu'on approche de cette limite. Toutefois le principe de la conservation des aires montre que, au moment où la Lune s'est séparée de la Terre, le mois et le jour avaient pour valeur commune 5h 36m. La séparation a pu être provoquée par l'action des marées solaires combinées avec la force centrifuge. On peut imaginer des circonstances où ces marées auraient acquis une très grande intensité, par exemple si la marée solaire semi-diurne avait à peu près même période que l'oscillation libre du sphéroïde. Ce ne serait pas alors un anneau qui se détacherait, mais une excroissance. Sa séparation serait accompagnée d'une rupture d'équilibre et de fluctuations violentes. La mise en liberté d'un anneau complet serait plus conforme à l'esprit général de l'hypothèse de Laplace, mais le passage de cet anneau à un satellite unique soulève, de l'aveu de tous les géomètres qui se sont occupés de la question, de très grandes difficultés mécaniques.

Si l'on considère la Lune comme rassemblée en un globe unique aussitôt après sa séparation (c'est l'hypothèse que préfère M. Darwin), le mois augmente dès le début un peu plus vite que le jour, et l'influence réciproque des marées intervient pour allonger l'un et l'autre, tout en éloignant la Lune de la Terre. La chaleur développée par le passage de la Terre de la durée de rotation primitive (5h 36m) à la durée de rotation actuelle (23h 56m) suffirait, si elle était appliquée d'un seul coup, pour élever la température de la Terre de 3000° Farenheit. Mais il va de soi que la plus grande partie de cette chaleur a dû se dissiper dans l'espace.

Peut-on supposer qu'une partie de l'évolution qui vient d'être décrite rentre dans les temps géologiques? Cela est possible si l'on admet avec M. Darwin qu'un globe visqueux, même recouvert d'une croûte mince, est susceptible d'éprouver des marées à courte période comme si la fluidité était parfaite. L'alternance plus rapide des jours et des nuits devait donner plus d'énergie aux vents, aux courants marins, aux cyclones, accélérer le travail des eaux à la surface. Cela est conforme à ce que nous savons des transformations de l'époque quaternaire, où les cours d'eau, plus volumineux qu'aujourd'hui, travaillaient plus efficacement au creusement de leurs vallées.

Le frottement des marées a cessé de se produire pour la Lune par suite de l'égalité établie entre la durée de rotation et la durée de révolution. Mais il doit être encore sensible pour la Terre. Cette action retardatrice peut rendre compte, pour une part, de l'accélération séculaire apparente du mouvement de la Lune en longitude.

Comme elle agit surtout sur l'équateur terrestre, elle tend à produire sur notre globe une sorte de torsion, avec plissement superficiel. M. Darwin a cherché à prévoir dans un second Mémoire (*Phil. Trans.*, Vol. CLXX, 1879) la forme théorique de ces plis. Le dessin donné n'a pas une relation bien apparente avec la figure des continents ni avec le tracé des chaînes de montagnes.

De la forme de la Lune.--La rotation de la Lune sur elle-même est lente; la force centrifuge à l'équateur n'est qu'une fraction insignifiante de la pesanteur. Si donc la Lune n'était pas en présence de la Terre, elle pourrait, étant considérée comme une masse fluide et homogène, être en équilibre sous la forme d'un ellipsoïde de révolution très peu aplati.

Mais l'attraction de la Terre à la surface de la Lune n'est pas insensible par rapport à celle de la Lune elle-même; d'où l'impossibilité que le globe lunaire soit de révolution. Quand les durées de rotation et de révolution sont devenues égales, le bourrelet des marées prend sur la Lune une position fixe; il est constamment orienté vers la Terre, avec une oscillation limitée correspondant à la libration en longitude. Du jour où la solidification complète intervient, nous devons avoir une figure ovoïde, l'allongement le plus prononcé ayant lieu dans la direction de notre globe.

Le problème, considéré dans toute sa généralité, est d'un traitement mathématique trop pénible. On le réduit, pour la facilité du calcul, aux termes suivants (Tisserand, *Mécanique céleste*, t. II, p. 110):

Trouver la figure d'équilibre d'une masse fluide, homogène, animée d'un mouvement de rotation uniforme autour d'un axe fixe Ox passant par son centre de gravité O. Toutes les molécules de la masse fluide s'attirent mutuellement suivant la loi de Newton et sont soumises en outre à l'attraction d'un centre éloigné C situé dans le plan de l'équateur. On suppose qu'en vertu de celle dernière force le point O décrit un cercle ayant son centre en C et que la durée de la révolution est égale à celle de la rotation de la masse fluide autour de Ox.

La question étant ainsi précisée, on trouve comme figure d'équilibre un ellipsoïde à trois axes inégaux. L'axe de rotation est le plus petit; l'axe dirigé vers la Terre est le plus grand. L'aplatissement de la section orientée vers la Terre est quatre fois plus grand que celui de la section perpendiculaire. Ces aplatissements sont d'ailleurs faibles, respectivement égaux à $375/(10^7)$ et $94/(10^7)$. La différence des rayons extrêmes pourrait aller à 60m. C'est dire qu'il y a peu d'espoir de la mettre en évidence par des mesures micrométriques.

Il est probable que ces résultats seraient peu modifiés si l'on supposait la Lune hétérogène, avec densité croissante de la surface au centre. La densité moyenne de la Lune surpasse à peine 3, et il est à croire, par suite, qu'elle est plus homogène que la Terre: ses matériaux ont dû être empruntés aux couches superficielles et peu denses de notre globe.

Indications fournies par la théorie de la libration.--On peut former les équations du mouvement de la Lune autour de son centre de gravité en ayant égard à l'attraction mutuelle de ses diverses parties et à l'attraction de la Terre. L'action perturbatrice du Soleil a peu d'importance.

De ce que les pôles se déplacent peu à la surface, il résulte que l'axe de rotation reste voisin de l'un des axes principaux d'inertie. Par suite un autre axe principal d'inertie fait constamment un axe très petit avec le rayon vecteur mené du centre de la Lune à la position moyenne de la Terre.

Le calcul montre que les deux principales lois de Cassini (constance de l'inclinaison de l'axe de rotation sur l'écliptique, coïncidence des noeuds de l'équateur et de l'orbite sur l'écliptique) sont liées ensemble. Chacune peut être regardée comme la conséquence de l'autre.

La fixité de l'axe de rotation dans l'intérieur de la Lune n'a pas un caractère nécessaire. Elle dépend des conditions initiales. D'après Poisson, l'axe de rotation décrit à l'intérieur de la Lune un cône de révolution. D'après un calcul plus exact, dû à Charles Simon, l'axe de rotation oscille dans un plan principal. En pratique, la distinction n'a pas beaucoup d'importance. Les excursions de l'axe de rotation sont certainement périodiques et toujours petites. Jusqu'à présent l'observation ne les a pas mises en évidence.

Désaccord entre la théorie de l'équilibre d'une masse fluide homogène et la théorie de la libration.--La première théorie donne, comme nous l'avons vu, pour l'aplatissement de la section principale la plus déformée 375 x (10⁷). La théorie de la libration donne pour l'aplatissement de cette même section (toujours dans l'hypothèse de l'homogénéité) 614 x (10⁻⁶), valeur seize fois plus forte.

On ne doit pas se flatter de rétablir l'accord en tenant compte de ce que la Lune n'est pas homogène. La discordance devient encore plus grande si l'on suppose, comme il est naturel, que la densité croisse de la surface au centre.

On doit en conclure que la figure actuelle de la Lune ne répond pas aux conditions d'équilibre d'une masse fluide. Notre satellite a dû se déformer d'une manière sensible depuis que sa surface s'est solidifiée, et cette déformation s'est répercutée sur les constantes de la libration.

De l'allongement actuel de la Lune vers la Terre.--Hansen et J. Herschel ont admis que la Lune, en raison de sa constitution hétérogène, pouvait présenter un allongement vers la Terre, supérieur même à celui qu'indique la théorie de la libration, et qui comporte une différence de 1km entre les rayons extrêmes.

Ils ont aussi considéré comme possible une dissymétrie extérieure entre les deux hémisphères, dissymétrie compensée par la distribution des masses intérieures de manière à respecter l'isostase. Si l'hémisphère qui nous fait face est beaucoup plus renflé que l'autre, il forme une vaste excroissance montagneuse privée d'air et d'eau. L'atmosphère et les mers seraient reléguées sur l'hémisphère invisible. Cette dissymétrie contribuerait évidemment à maintenir le grand axe de la Lune dirigé vers la Terre.

Porté à un certain degré, le renflement pourrait être mis en évidence par l'étude de la libration. En effet, pour un même déplacement angulaire autour d'un axe perpendiculaire à la ligne de visée, les points du centre du disque éprouveraient un déplacement apparent plus grand que les points voisins des bords, même si l'on suppose la Lune sphérique. Et, si on la suppose allongée vers la Terre, le déplacement relatif des points voisins du centre se trouve encore augmenté.

Sur le conseil de Hansen, Gussew a entrepris d'étudier à ce point de vue deux photographies de Warren de la Rue. Son travail (*Bulletin de l'Académie de Saint-Pétersbourg*, 14 octobre 1859) conclut à un allongement énorme 0,055. Ce résultat, bien qu'ayant obtenu l'assentiment de Hansen, n'a pas été admis en général par les astronomes.

Récemment M. Franz (*Observations de Königsberg*, Vol. XXXVIII) a repris la discussion des mesures de Gussew, et montré qu'elles ne justifient pas ses conclusions. M. Franz a mesuré micrométriquement, dans le même but, cinq clichés de l'Observatoire Lick, et il a trouvé que l'allongement vers la Terre est insensible.

De l'atmosphère de la Lune.--Au moment de la séparation de la Terre et de la Lune l'attraction prépondérante du globe le plus gros a dû ne laisser au plus petit qu'une faible fraction de l'atmosphère totale. Il est vrai que cette atmosphère pouvait être alors beaucoup plus importante qu'aujourd'hui.

En fait l'atmosphère de la Lune a maintenant une densité extrêmement faible. Le bord du Soleil n'éprouve ni affaiblissement ni déformation au voisinage du bord de la Lune dans les éclipses. Le spectre visible de la Lune est le même que celui de la lumière solaire reçue directement, et les raies d'origine atmosphérique ne s'y montrent pas plus intenses.

Le critérium qui semble devoir offrir la sensibilité la plus grande est fourni par les occultations d'étoiles. A l'entrée et à la sortie, dans une occultation centrale, l'étoile doit paraître déviée, en des sens contraires, d'un arc égal au double de la réfraction horizontale à la surface de la Lune. Or la réfraction horizontale atteint sur la Terre 30' à 35'.

D'autre part, la présence d'une atmosphère augmente le rayon apparent de l'astre dans une mesure qui dépend à la fois de la densité de l'atmosphère et de sa hauteur, mais qui, certainement, est bien moindre que le double de la réfraction horizontale. On doit donc, en partant du diamètre apparent mesuré directement, trouver pour les occultations une durée trop longue. Inversement le diamètre calculé d'après la durée des occultations sera plus petit que le diamètre mesuré directement.

Bessel a considéré comme établi par l'expérience que la différence ne s'élevait pas à 1". Il en a conclu que l'atmosphère devait être au moins 900 fois plus rare à la surface de la Lune qu'à la surface de la Terre.

Cette conclusion paraît excessive. On possède aujourd'hui des occultations observées plus exactement et en nombre beaucoup plus grand qu'au temps de Bessel. Leur discussion montre que la différence des diamètres déterminés par les deux méthodes est bien réelle. On peut l'estimer à 1" ou même 2" et son signe est bien celui que fait prévoir la théorie, s'il existe une atmosphère réfringente. Il y a donc lieu de considérer la limite 1/900 posée par Bessel comme une valeur vraisemblable de la densité de l'atmosphère lunaire à la surface. A cause de la moindre pesanteur sur la Lune, l'atmosphère s'y répartirait sur une hauteur bien plus grande et, à 150km d'altitude, les deux atmosphères pourraient avoir des densités comparables. Or, à 150km de hauteur, l'atmosphère terrestre est encore capable de produire des effets sensibles, de porter les étoiles filantes à l'incandescence, de diffuser les rayons solaires, de tenir de fines poussières en suspension.

Disparition de l'atmosphère lunaire.--L'examen de la surface de notre satellite donne lieu de penser qu'il a possédé autrefois une atmosphère plus importante, et que, par la suite, cette enveloppe fluide s'est résorbée ou dissipée.

La première explication est suggérée par divers phénomènes chimiques. Une élévation de température de quelques centaines de degrés à la surface de la Terre ferait rentrer dans l'atmosphère la totalité de l'eau des mers et une grande partie de l'acide carbonique contenu dans l'écorce. D'où augmentation très forte dans la hauteur et la pression de l'atmosphère. Inversement le refroidissement plus rapide du sol lunaire, joint à sa nature absorbante, a pu fixer dans des combinaisons solides et soustraire à la circulation la totalité des éléments liquides ou gazeux.

Mais il se peut aussi que les gaz aient disparu par émission directe dans l'espace. Les gaz très raréfiés ne suivent plus les lois ordinaires des mélanges. La hauteur limite de l'atmosphère est variable d'un gaz à l'autre, et ceux dont le poids atomique est moindre s'élèvent plus haut que les autres. Or la Lune laisse échapper toute molécule lancée suivant la verticale ascendante avec une vitesse supérieure à 2km,38 par seconde. Il est probable que cette vitesse est fréquemment atteinte pour tous les gaz et que, par suite, la Lune est incapable d'en retenir aucun.

M. G.-J. Stoney (*Transactions of the R. Dublin Society*, Vol. VI, série 2) admet que la température à la limite de l'atmosphère terrestre est -66° C. A cette température les molécules d'hydrogène et d'hélium, de poids atomique 1 et 2, ont respectivement pour vitesse moyenne 1603m et 1133m par seconde. Sur la Terre, où une vitesse de 10km à 12km par seconde suffit pour assurer l'évasion, l'hydrogène et l'hélium s'échappent, la vapeur d'eau ne s'échappe pas. Il semble donc qu'une vitesse égale à 9 ou 10 fois la vitesse moyenne est encore assez fréquemment réalisée pour qu'une déperdition assez rapide en résulte.

Sur la Lune tous les gaz connus, sans exception, s'échappent à la longue plus facilement que l'hélium sur la Terre. Il n'y a donc pas à s'étonner que la Lune n'ait plus d'atmosphère. Mais rien ne dit qu'elle n'en ait pas eu une assez importante dans le passé.

Que sont devenues ces molécules égarées? Celles dont la vitesse était à peu près perpendiculaire au mouvement relatif de la Lune ont dû être reprises par la Terre, surtout lorsque les deux planètes étaient assez voisines l'une de l'autre. Le plus grand nombre a dû former un anneau de particules très disséminées, circulant indépendamment les unes des autres autour du Soleil, et dont l'orbite de la Terre constituait la ligne centrale. Il y aurait là une explication possible de la lumière zodiacale.

De la température de la Lune.--Il n'est pas douteux que la Lune ne se soit refroidie plus vite que la Terre, par cela seul qu'elle est plus petite. La Lune est arrivée la première à posséder une croûte assez épaisse, où la chaleur interne ne contribue plus que dans une mesure insignifiante à entretenir la température de la surface. Celle-ci oscille sous l'influence alternative du rayonnement solaire et du refroidissement nocturne, limité par la présence de l'atmosphère.

On ne peut douter que cette influence de l'atmosphère ne soit considérable. Dans la zone torride les sommets des très hautes montagnes sont chargés de neiges perpétuelles, et le refroidissement nocturne y est bien plus intense que pour les plaines situées à leur base. On ne voit, pour expliquer cette différence, d'autre motif que la rareté de l'air et de la vapeur d'eau. Or les sommets des plus hautes montagnes terrestres sont encore loin d'atteindre la limite supérieure de l'atmosphère. L'élimination totale de celle-ci serait accompagnée d'un refroidissement encore plus grand.

Nous devons donc nous attendre à ce que la Lune soit à une basse température et il est certain, en effet, que la chaleur qu'elle nous envoie n'est pas sensible pour nos organes, ni même, dans les conditions ordinaires d'expérience, pour un thermomètre.

Si le refroidissement nocturne est intense sur notre satellite, l'échauffement dans le jour semble devoir y être important. En effet, les jours de la Lune valent 14 des nôtres et, dans cet intervalle, tous les points de la zone équatoriale voient le Soleil passer près de leur zénith. Quelle que soit la nature de la surface, une certaine fraction des rayons solaires doit s'y absorber et relever la température. Nous pouvons d'ailleurs constater à première vue qu'il ne s'accomplit pas de réflexion spéculaire. Aussi J. Herschel pensait que le point d'ébullition de l'eau devait être dépassé quotidiennement. D'autres astronomes ont pensé que le sol lunaire devait approcher de la température du fer rouge.

En 1846 Melloni, opérant sur le Vésuve à l'aide d'un thermopile et du galvanomètre récemment inventé, réussit pour la première fois à mettre en évidence une manifestation sensible de la chaleur renvoyée par la Lune.

Lord Rosse et le Dr Boeddiker ont obtenu des résultats encore plus nets. Ils évaluent à 500° C. l'abaissement de température qui se produit sur la Lune dans le cours d'une éclipse totale. Le refroidissement consécutif à la disparition du Soleil est donc beaucoup plus rapide que sur la Terre, ce qui met bien en évidence le rôle protecteur de l'atmosphère. Les radiations solaires, pénétrant dans le sol terrestre, s'y transforment en radiations obscures; il paraît probable que l'atmosphère les retient au passage et que ce défaut de transparence ou cette faculté de capture résident surtout dans la vapeur d'eau et l'acide carbonique.

Depuis Langley a réalisé une combinaison beaucoup plus sensible du thermopile et du galvanomètre. Avec cet appareil, qu'il a nommé *bolomètre*, il a pu explorer le spectre solaire, du côté de l'infrarouge, bien au delà des limites antérieurement admises, et il a reconnu que la majeure partie de l'énergie calorifique du Soleil, les trois quarts peut-être, réside en dehors du spectre visible. Mais un autre résultat inattendu des expériences de Langley est que ces rayons obscurs traversent une atmosphère pure et sèche plus facilement que ne le fait la chaleur lumineuse.

Dans un travail exécuté avec M. Very et publié en 1889[11] Langley arrive aux conclusions suivantes:

La partie du disque lunaire qui n'est pas actuellement éclairée du Soleil ne nous envoie pas plus de chaleur que le fond du ciel.

> **Note 11:** (retour) Langley et Very, *The temperature of the Moon. American Journal of Science*, vol. XXXVIII, 3e série.

La partie du disque lunaire qui voit le Soleil est, sans exception, plus chaude que le fond du ciel. L'appareil est assez sensible pour manifester la 1500e partie de la radiation totale de la Lune. La chute de température qui se produit sur la Lune pendant la durée d'une éclipse totale n'est pas aussi forte que lord Rosse l'avait pensé. Elle est cependant supérieure à celle qui se produit dans l'épaisseur de l'atmosphère terrestre sous une latitude quelconque.

Il y a dans le spectre lunaire deux maxima distincts observables, l'un correspondant à la radiation réfléchie, l'autre à la radiation propre du sol.

La position du second maximum, représentant la chaleur rayonnante invisible, permet une évaluation de la température du sol. Cette évaluation est fort incertaine. On peut admettre cependant que la température de la Lune ne s'élève pas au-dessus de 0° centigrade. Il n'y aurait donc pas, en dehors de l'examen détaillé du sol, de raison suffisante pour exclure l'idée que la Lune soit, en tout ou en partie, couverte de glace. Faute d'une température assez élevée cette glace n'aurait jamais occasion de fondre ou d'émettre des vapeurs sensibles.

Cette conclusion a soulevé des objections nombreuses. On s'explique mal, en l'absence de tout écran protecteur, ce qui frapperait ainsi les rayons solaires d'impuissance. M. Very, collaborateur de Langley, a repris les mesures avec des appareils plus perfectionnés[12]. La transmission par le verre lui a permis de distinguer, dans la radiation de la Lune, la radiation solaire réfléchie de celle qui émane réellement du sol lunaire échauffé. En effet, une lame de verre qui laisse passer 0,77 de la radiation solaire transmet seulement 0,02 de la radiation d'une source à basse température, telle qu'un cube noirci rempli d'eau bouillante. Finalement M. Very a trouvé, comme il fallait s'y attendre, que la surface solide de la Lune, moins réfléchissante que les nuages de l'atmosphère terrestre, doit mieux profiter de la chaleur incidente. La température moyenne de l'hémisphère éclairé doit être voisine de +97° C. Le point qui voit le Soleil au zénith doit s'échauffer jusqu'à +184°, c'est-à-dire plus que les déserts les plus brûlants de la Terre. Dans ces conditions, l'existence souterraine est la seule à laquelle pourraient s'adapter les formes vivantes terrestres.

Note 12: (retour) F.-W. Very, *The probable range of the temperature of the Moon. Astrophysical Journal*, vol. VIII, nov. et déc. 1898.

CHAPITRE X.

LA FIGURE DE LA LUNE ÉTUDIÉE PAR LES DOCUMENTS PHOTOGRAPHIQUES. LES TRAITS GÉNÉRAUX DU RELIEF.

A quelque opinion que l'on se range, concernant la température actuelle de la Lune, il est certain qu'elle s'est refroidie plus vite et desséchée plus complètement que la Terre. On doit donc s'attendre à ce que la contraction par refroidissement soit pour notre satellite un facteur important du relief, le travail des eaux y étant relativement peu considérable. Cette prévision est confirmée par l'inspection de la surface dans les lunettes puissantes, inspection qui peut se faire aujourd'hui bien plus à loisir et d'une manière presque aussi complète sur les photographies.

Nous y reconnaîtrons d'abord, à première vue, des différences de niveau considérables. Prenons, par exemple, l'image de Théophile, l'un des cirques les plus profonds de la Lune. La mesure des ombres y donne 5500m pour l'écart d'altitude entre le bord et la plaine intérieure, 1500m pour la hauteur du groupe central de montagnes. La pente intérieure est raide, inclinée de 30° en moyenne. D'autres cirques présentent des inclinaisons encore plus fortes, 40° ou 50°, ce qui montre qu'ils ne peuvent être formés que de matériaux résistants. Il serait difficile, sur la Terre, de trouver une telle différence de niveau répartie sur une largeur aussi faible. La pente extérieure est au contraire modérée. Il est malaisé d'y assigner la limite de l'ombre, et par suite d'en évaluer la hauteur (*fig. 31*).

Sur ce revers externe, nous voyons de nombreux sillons, un peu divergents, tracés suivant la ligne de plus grande pente. Ils peuvent, à première vue, s'interpréter comme des vallons creusés par les eaux. Mais le fait qu'on les observe exclusivement sur le versant extérieur de quelques grands cirques conduit à les regarder plutôt comme des traces d'épanchements volcaniques. On ne trouve point, en effet, d'indice de ravinement sur la pente intérieure des cirques, pas davantage sur les pentes qui limitent les grands massifs montagneux et qui sembleraient devoir offrir un champ si favorable à l'érosion. Les parties saillantes n'y sont nulle part réduites à l'état de crêtes linéaires et ramifiées. Partout des bassins sans écoulement, des plateaux à pentes indécises. Point de fossés continus et progressivement élargis, comme les cluses et combes du Jura, point de deltas au débouché des sillons dans la plaine.

D'où cette conclusion importante: non seulement la Lune n'est pas aujourd'hui arrosée par des précipitations copieuses (ce que montrait déjà l'absence de tout effet de réfraction imputable à l'air ou à la vapeur d'eau), mais il en a toujours été ainsi depuis que le relief de notre satellite s'est constitué. Jamais les eaux n'ont eu à se frayer à la surface des voies d'écoulement.

Cela veut-il dire qu'il n'y ait jamais eu d'humidité sur la Lune? Cette conséquence serait peu admissible du moment que, avec Laplace et ses successeurs, nous faisons de la Lune un fragment détaché de la Terre. Elle le sera moins encore quand nous aurons relevé sur la Lune des traces manifestes d'éruptions volcaniques. Disons seulement que les précipitations y ont été faibles comparées à ce qu'elles sont dans les régions bien arrosées de la Terre. Elles ont rencontré un sol poreux et absorbant qui ne leur a pas permis d'agir par ruissellement. Le refroidissement ayant marché plus vite sur un globe moins gros, une couche plus épaisse s'est trouvée capable d'absorber l'eau, que la chaleur interne ne refoulait plus à la surface.

Pourquoi parlons-nous de sol poreux et absorbant? L'hypothèse de Laplace nous y invite encore. Car la Lune, empruntée aux couches superficielles de la Terre, doit être composée surtout des matériaux légers de l'écorce. Cette manière de voir est confirmée par la faible valeur de la densité moyenne, qui ne s'élève qu'à 3,4 pendant qu'elle dépasse 5,5 pour notre globe. Il est d'ailleurs extrêmement probable que la densité superficielle est plus faible, de même que sur la Terre, et n'excède pas 2, densité des calcaires les plus fissurés et les plus légers. Enfin l'éclat de la lumière réfléchie par la Lune permet d'assimiler sa surface au marbre ou à la craie. Les roches granitiques, schisteuses, basaltiques, et en général celles qui forment les terrains imperméables, ont des teintes plus sombres.

La répartition des mers.--Un des traits les plus généraux et les plus visibles de notre satellite est constitué par de vastes taches de couleur sombre, formant des compartiments déprimés. Nous leur garderons, pour nous conformer à l'usage, le nom de mers qui leur a été donné par les anciens sélénographes; mais il est certain que leur surface est rugueuse et que la lumière s'y diffuse sans jamais s'y réfléchir comme elle le ferait sur un liquide. Il est naturel de les rapprocher des compartiments affaissés de la surface terrestre. Nous pouvons espérer d'y trouver matière à des comparaisons utiles; car, si les mers lunaires n'ont subi ni sédiments ni érosions, les fosses océaniques terrestres en ont été préservées par l'épaisseur du manteau liquide qui les recouvre.

Un premier rapprochement doit être fait en ce qui concerne la distribution générale des aires déprimées. On sait que, sur la Terre, ces aires se partagent en deux séries. Les unes, appelées fosses méditerranéennes, s'enchaînent, sans se confondre, à peu près suivant un grand cercle de la sphère. Deux autres groupes moins distincts, constituant par leur agrégation l'un l'océan Pacifique, l'autre l'océan Atlantique, s'étendent surtout dans le sens du méridien, à angle droit avec l'alignement des fosses méditerranéennes. Cette disposition paraît avoir persisté, dans ses traits essentiels, à travers les temps géologiques.

Prenons maintenant une épreuve photographique de la Lune au voisinage de l'opposition et nous reconnaîtrons que ce résumé est applicable à notre satellite de point en point, sans qu'il y ait autre chose que les noms à changer. Les mers des Pluies, de la Sérénité, de la Tranquillité, de la Fécondité, la mer Australe forment une série alignée suivant un grand cercle. Mais, au lieu de se fermer comme les suivantes, la mer des Pluies s'ouvre à l'Est dans un système de bassins qui s'étend perpendiculairement au premier, comprenant au Nord le Golfe de la Rosée, au Sud l'océan des Tempêtes et la mer des Nuages (*fig. 30*).

Convient-il d'assimiler ce second système au Pacifique ou à l'Atlantique? La seconde manière de voir semble mieux fondée. Ces dépressions n'embrassent pas, toutes ensemble, le cinquième de la circonférence du globe en longitude. Nous n'avons point ici de chaînes côtières comme celles qui font à l'océan Pacifique une ceinture presque continue. Au contraire, nous voyons dans le sens de la longueur une ride médiane jalonnée par toute une série de grands foyers éruptifs, Bouillaud, Euclide, Kepler, Aristarque. On sait que l'océan Atlantique est aussi divisé suivant un méridien par une ride saillante d'où émergent de distance en distance les sommités volcaniques de l'Islande, des Açores, de l'Ascension, de Tristan da Cunha. Nous ne pouvons, malheureusement, achever le tour de la planète pour voir si la série des fosses méditerranéennes se prolonge de l'autre côté, s'il s'y rencontre un digne pendant à l'océan Pacifique, si les dépressions s'y placent de préférence aux antipodes des saillies comme le veut la symétrie tétraédrique qui semble prévaloir sur la Terre.

La structure des mers.--La conformité qui se manifeste sur les deux planètes dans la répartition générale des régions déprimées a pour pendant une analogie non moins remarquable dans leur structure.

Les grands abîmes marins où la sonde descend à plus de 8km de profondeur ne se groupent pas, comme on l'a cru longtemps, dans les parties centrales des océans, loin de toute terre émergée. Ils ont plutôt la forme de vallées allongées parallèlement aux rivages, à des distances relativement faibles de ceux-ci. C'est ce qui a lieu dans l'océan Atlantique pour les fosses des Antilles et des Bermudes, dans le Pacifique pour les fosses des Kouriles, des îles Tonga, au large des côtes chiliennes et péruviennes (*Pl. I*).

Cette loi n'a été mise en évidence que par des travaux récents, à la suite de sondages multipliés, de longues et coûteuses expéditions maritimes. Sur la Lune, nous pouvons la vérifier à beaucoup moins de frais. Une bonne lunette et un peu de patience y suffisent.

Il nous sera d'abord très aisé de reconnaître que, sur le fond des mers, le relief a une allure générale plus douce que dans les parties saillantes. Les crêtes à versants concaves y sont rares; à part quelques blocs isolés qui forment de véritables îles, les ondulations du sol ne projettent d'ombre qu'au lever ou au coucher du Soleil. Les pentes sont modérées et se prolongent dans le même sens sur de vastes étendues. En thèse générale, cela est vrai de la Terre comme de son satellite.

Il s'en faut de beaucoup, cependant, que les mers lunaires soient planes ou exactement modelées sur la sphéricité du globe. Ce ne sont point des surfaces géométriques. Essayons donc d'aller plus loin et de reconnaître où se trouvent les points les plus creux. Si nous examinons sous un éclairement favorable la mer de la Sérénité, par exemple, nous serons frappés de ce fait qu'elle possède, au pied de son enceinte montagneuse, toute une bordure de taches sombres. Pour qui est familier avec l'étude de la surface de la Lune, il est dès lors probable que ces taches correspondent aux parties les plus creuses. Il y a, en effet, sur notre satellite, corrélation habituelle entre la teinte et l'altitude, en ce sens que les plaines basses y sont presque toujours plus sombres que les points saillants. Comme la règle n'est pas sans exception, une vérification pourra sembler désirable. Il suffira, pour la faire, de noter la position des taches sombres et d'attendre que le Soleil se couche pour elles. On les voit alors envahies par l'ombre avant les taches claires qui les avoisinent, d'où il résulte que les premières sont effectivement déprimées.

La même expérience, répétée sur d'autres mers, fortifie cette conclusion, qui est à peu près générale; le fond des mers lunaires est convexe, dans son ensemble, au delà de ce qu'exige la courbure moyenne du globe, et les fosses océaniques y sont, comme sur la Terre, rejetées près des rivages.

La formation des mers.--Un troisième point de ressemblance est à signaler entre les mers terrestres et celles de notre satellite. C'est dans la série équatoriale, dans celle qui répond aux fosses méditerranéennes, que se rencontrent les bassins les mieux délimités par des bourrelets montagneux, ceux dont le bon état de conservation accuse une jeunesse relative. Sur la Lune leur forme circulaire ressort souvent avec une admirable clarté. Les cassures qui les bordent se montrent à nu, parfois sur plusieurs milliers de mètres de hauteur. Il est évident que chacune de ces dénivellations de l'écorce, par cela même qu'elle affecte un dessin géométrique, a dû s'effectuer dans un temps assez court et se rattache à une époque géologique déterminée. Si le phénomène est plus net sur la Lune, cela tient à ce que nous pouvons en observer l'effet intégral et non modifié. Nous retrouverions des formes analogues sur la Terre, s'il nous était possible de débarrasser les fosses sous-marines de leur bordure de sédiments et de restituer aux bourrelets montagneux tout ce que l'érosion leur a enlevé.

Voulons-nous prendre en quelque sorte sur le fait le mécanisme de la formation d'une mer? Il faudra nous adresser de préférence à celles qui ont gardé l'intégrité de leur contour circulaire. Il y en a trois, les mers des Crises, du Nectar, des Humeurs, qui possèdent ce caractère à un haut degré, et ce sont justement celles qui mettent en défaut la règle signalée tout à l'heure. Une bande marginale n'y a pas suivi l'affaissement du centre, mais est restée adhérente à la bordure montagneuse. Les rides de celle-ci n'accusent point de préférence pour l'alignement parallèle au rivage, par conséquent point de structure plissée. La partie centrale ou aplanie de la mer offre une série de veines ou de bourrelets saillants. La région extérieure ou montagneuse est coupée de crevasses ouvertes, larges de 2km à 3km, se prolongeant sur une énorme longueur à travers les obstacles les plus variés (*fig. 32, 33, 34*).

Les veines comme les crevasses suivent trop évidemment un tracé concentrique au rivage de la mer pour ne pas être rattachées au mouvement du sol qui a déterminé l'effondrement du centre. Mais nous ne trouvons pas ici, comme sur le contour des affaissements terrestres, des plis refoulés, accumulés contre des massifs résistants. Bien loin de là, l'écorce lunaire s'est déchirée en larges crevasses qui demeurent encore béantes à l'heure actuelle. Sa tendance, lors des derniers mouvements dont nous pouvons constater les traces, n'était donc pas de se plisser comme un vêtement trop large, mais au contraire de s'étirer, de se disjoindre comme une enveloppe trop étroite.

Pourquoi maintenant des crevasses ouvertes à l'extérieur de la mer, des veines saillantes à l'intérieur? Ces deux aspects inverses ne sont pas contradictoires. Ils représentent seulement deux étapes différentes dans la marche d'un même phénomène. Les veines, comme les crevasses, marquent des ruptures successives dues à l'effondrement du centre de la mer. Les cassures les plus rapprochées du centre ont servi au dégorgement des laves, qui se sont ensuite épanchées sur la plaine. Quand cet épanchement a pris fin, les laves, arrivant à la surface déjà refroidies, se sont solidifiées sur place. Non contentes d'obstruer la fissure, elles l'ont transformée par leurs apports successifs en un bourrelet saillant, à pentes doucement inclinées.

Les fissures de la bande extérieure, situées à un niveau plus élevé, n'ont point servi à l'épanchement des laves, qui trouvaient dans les étages inférieurs une issue suffisante. Elles sont, par suite, demeurées ouvertes; elles ont même dû aller en s'élargissant toujours, à la manière des crevasses des glaciers, tant que la période d'affaissement de leur lèvre inférieure s'est prolongée.

Bien entendu, les parties aplanies de la surface sont également sujettes à se fissurer. Mais, tant que l'écorce n'y a pas acquis une grande épaisseur, les crevasses ne peuvent s'y ouvrir largement sans donner issue aux épanchements volcaniques. Dès lors elles s'obstruent, s'effacent et se transforment en bourrelets. Nous voyons fréquemment ces deux sortes d'accidents juxtaposés à petite distance; parfois même une crevasse ouverte se prolonge par une veine saillante.

On comprend donc que les fissures de plaine soient, en général, plus étroites que celles des régions de montagne, par suite moins faciles à observer. Mais leur position, leur tracé sont également significatifs au sujet de leur origine. Ainsi dans la partie est de la mer de la Tranquillité (*fig. 35*) nous remarquons, à côté de veines remarquablement longues et ramifiées, les crevasses typiques de Sosigène, de Denys, de Sabine, toutes tracées parallèlement au rivage. Dans le cas de Sabine, la crevasse est double, ce qui montre que la tendance a persisté après avoir obtenu une première, mais insuffisante satisfaction. Cette formation de crevasses successives et parallèles s'observe, pour ainsi dire, à chaque pas sur les glaciers alpins. De même ici nous voyons la mer exercer sur la terre ferme une sorte d'attraction assez puissante pour disjoindre celle-ci et en détacher des bandes marginales.

Des massifs montagneux de la Lune.--Ces notions acquises sur les mers nous rendront plus explicables les blocs saillants qui les encadrent. Leurs caractères sont surtout négatifs. Ils manquent d'individualité propre. Ce ne sont guère que des portions de plateau laissées en relief par l'affaissement des régions voisines. D'habitude les aires d'effondrement sont circulaires; aussi la forme générale du groupe montagneux sera, plus ou moins, celle d'un triangle à côtés concaves, de la portion de plan comprise entre trois cercles qui se coupent.

Cet énoncé s'applique bien aux monts Taurus, limitrophes de la mer de la Sérénité. Nous n'y voyons ni lignes de partage, ni vallées d'écoulement. La fine crevasse qui se fraye un chemin à travers le centre du massif et se prolonge sur la plaine témoigne par sa seule présence que le modelé du relief par les eaux a été nul ou insignifiant. Les plus fortes élévations du sol ne sont point rassemblées au centre, mais rejetées près de la limite ouest.

Cette particularité n'est pas moins visible sur le groupe des Apennins. Le côté nord, incliné vers la mer de la Sérénité, est beaucoup plus étroit, beaucoup plus rapide que la pente inclinée au Sud vers la mer des Vapeurs. Nous reconnaissons ici la loi de dissymétrie des versants, bien connue de tous ceux qui ont étudié les montagnes terrestres. Il semble que toute cette portion de l'écorce ait éprouvé un mouvement de bascule exposant au dehors d'un côté une cassure abrupte, de l'autre une face dorsale d'inclinaison modérée. Mais toujours point de plis refoulés contre les parties saillantes. Nous voyons, au contraire, la croûte lunaire manifester en toute occasion sa tendance à s'étirer et à se disjoindre (*fig. 36*).

On la retrouve encore, bien éloquemment attestée, dans la grande vallée rectiligne que l'épée surhumaine de quelque paladin semble avoir entaillée d'un seul coup à travers le massif des Alpes. Bien entendu, cette explication ne saurait suffire, car il s'agit ici d'une cassure de 70km de long sur 10km à 12km de large. Pour expliquer comment les deux parties en contact ont pu se disjoindre à ce point, la théorie de la contraction par refroidissement n'est pas suffisante. Il faut admettre que l'un au moins des deux fragments a pu flotter à la dérive sur le liquide qui le portait. Pour les Alpes comme pour les Apennins, les plus hauts sommets sont en bordure, et leurs ombres s'allongent sans obstacle sur la plaine qui s'étend à leurs pieds (*fig. 37*).

Le massif voisin du Caucase forme barrière entre les mers des Pluies et de la Sérénité. Ces deux bassins se rapprochent au point de donner à la masse interposée l'aspect d'une chaîne de montagnes terrestre. A y regarder de près, il n'y a point division dans la longueur par une ligne de faîte, mais, au contraire, division transversale en plusieurs blocs rectangulaires. Les cases de ce damier gigantesque ne sont plus en correspondance exacte. Elles ont joué les unes par rapport aux autres, et subi dans le sens tangentiel des mouvements de transport ou de charriage qui peuvent atteindre 30km d'amplitude.

Relations entre l'histoire de la Lune et celle de la Terre.--On remarquera que l'étude du relief lunaire apporte, dans trois au moins des grandes questions qui divisent les géographes et les géologues, un témoignage précis, qui n'est peut-être pas sans réplique, mais que l'on n'a pas le droit d'ignorer ou de négliger.

En premier lieu, la Terre a-t-elle une écorce solide, une lithosphère? Nous avons vu que des théoriciens d'une grande autorité se prononcent pour la négative. Ils ne veulent pas admettre qu'une croûte relativement mince, enveloppant un noyau liquide, résiste aux marées qu'elle aurait à subir, au poids des montagnes dont sa surface est hérissée. Pour Lord Kelvin, pour M. Darwin, la solidification d'une planète doit commencer par le centre, progresser vers la surface, et ne porter en dernier lieu que sur une couche mince.

Les géologues se montrent, en général, peu disposés à marcher dans cette voie; il nous semble que leur répugnance pourrait être fondée avec plus de force encore sur l'examen de la surface de la Lune. Non seulement, en effet, les épanchements venus de l'intérieur y ont nivelé le fond des mers et des cirques, mais, ce qui est plus significatif encore, des fragments solidifiés, épais de plusieurs milliers de mètres, ont pu y flotter à la dérive.

On continuera donc, malgré les beaux travaux mathématiques auxquels nous avons fait allusion, à parler de l'écorce solide des planètes. On le peut en conscience, parce que, pour simplifier le problème et le rendre accessible au calcul, on est obligé d'introduire dès le début des hypothèses hasardeuses, notamment celle d'une certaine homogénéité. Devant cette nécessité, les faits d'observation gardent une valeur prépondérante. Que l'on prenne garde, en contestant à l'intérieur des planètes le droit d'être fluide, à leur croûte celui de se supporter elle-même, de ressembler aux médecins du XVIIe siècle, qui refusaient au sang la faculté de circuler dans les artères.

Un second litige, dans lequel les astronomes auraient leur mot à dire, a pour sujet la formation des montagnes. Ainsi que nous l'avons vu au Chapitre V, la théorie de la contraction par refroidissement, après avoir traversé une période de brillante faveur, se heurte à des objections. On trouve le refroidissement séculaire trop lent, trop peu sensible pour donner lieu à des déformations aussi grandes. Il faut admettre, dit-on, que le poids des sédiments déposés sur les rivages les contraint à s'affaisser, relève par un mouvement de bascule une bande de terrain parallèle, et tend ainsi à exagérer les différences de niveau primitives.

L'examen de la Lune doit nous faire envisager ce complément d'explication avec beaucoup de défiance. Sur notre satellite les érosions, les sédiments, ne se révèlent que par des traces insignifiantes et douteuses. Et cependant les différences de niveau y sont énormes et brusques. Nous y voyons, aussi clairement que sur la Terre, les sommets les plus élevés accumulés au bord des massifs, les fosses océaniques rejetées près des côtes. Si donc la théorie de la contraction était jugée insuffisante pour rendre compte de l'apparition des montagnes, ce n'est pas au poids des sédiments qu'il faudrait faire appel pour y suppléer. L'expédient, fût-il jugé efficace pour la Terre, ne le serait pas pour la Lune. La réaction du fluide intérieur, comprimé par les affaissements, semble, au contraire, fournir les éléments d'une explication admissible dans tous les cas.

Enfin, les caractères si nets par lesquels les montagnes lunaires se différencient des montagnes terrestres doivent nous suggérer une dernière réflexion.

Pour les naturalistes du commencement du XIXe siècle, les chaînes montagneuses avaient comme origine des compartiments soulevés. Pour leurs successeurs immédiats, ce sont des massifs demeurés en retard sur l'affaissement des régions voisines. Pour nos contemporains, ce sont uniquement des fragments plissés par compression latérale.

Ce dernier point de vue pourrait bien être trop exclusif. La tendance au plissement, si générale qu'elle soit sur la Terre, ne se manifeste assurément pas sur la Lune. Elle n'est donc pas une condition nécessaire pour la genèse des montagnes. Ne serait-elle pas particulière à certaines périodes de l'histoire géologique?

Nous sommes conduits à le penser par un travail souvent cité de M. Davison[13]. En étudiant de plus près la loi formulée par Élie de Beaumont, il a été amené à faire la remarque suivante: l'émission de la chaleur dans l'espace ne se fait plus aux dépens de la surface, dont le refroidissement est achevé. Mais elle ne se fait pas davantage aux dépens des couches très profondes, dont la température demeure sensiblement invariable. Le taux extrême du refroidissement est atteint à une profondeur que l'on peut estimer, pour la Terre, à 100km. Il en résulte que les plissements n'ont aucune raison de se produire au delà de 8km de profondeur. Plus bas, les couches, se contractant plus que celles qui les supportent, se trouvent étirées.

> **Note 13:** (retour) C. Davison, *On the distribution of strain in the Earth's crust* (*Philosophical Transactions*, 1887).

Ce chiffre de 8km est relatif aux conditions que la Terre traverse aujourd'hui. Il tend à augmenter si le refroidissement poursuit sa marche régulière. Mais qu'une cause réfrigérante extérieure vienne à se faire sentir, ce sera la couche superficielle qui supportera la déperdition la plus grande. Les plissements seront supprimés, et la tendance à l'étirement deviendra générale.

C'est précisément ce qui semble s'être produit pour la Lune. On ne peut guère douter qu'elle n'ait possédé une atmosphère d'une densité notable. A une époque peut-être récente cette atmosphère s'est évanouie, dispersée dans l'espace ou absorbée par des combinaisons solides. Privée de son manteau protecteur, la surface a subi un refroidissement intense, et la possibilité même des plissements a disparu jusqu'à ce qu'un nouvel état d'équilibre fût atteint.

La Terre a très bien pu traverser une période analogue: non pas qu'elle ait jamais été dénuée d'atmosphère, mais il est cependant avéré que les climats ont subi à sa surface des variations importantes, peut-être en concordance avec l'activité propre du Soleil.

Pour nos latitudes, il y a eu refroidissement entre la période houillère et la période glaciaire, réchauffement à la suite de la dernière période glaciaire. A chacune de ces variations de température répondaient, dans la croûte superficielle, des efforts de sens contraire, capables avec le temps de faire surgir des chaînes de montagnes.

CHAPITRE XI.

LES CIRQUES LUNAIRES ET LES PRINCI-PALES THÉORIES SÉLÉNOLOGIQUES.

Cirques lunaires et volcans terrestres.--Les traits principaux du relief de la Lune, bassins déprimés et massifs saillants, nous sont apparus comme l'oeuvre de forces qui ont été actives sur la Terre et qui ont produit autour de nous des effets sinon semblables, au moins du même ordre.

D'autre part, les mers, comme les plateaux, sont semées d'accidents caractéristiques, à tel point que nous sommes embarrassés pour leur trouver des analogues dans nos expériences terrestres. Ils reproduisent d'abord, en l'exagérant, un caractère que plusieurs mers lunaires nous avaient présenté déjà, c'est-à-dire un périmètre circulaire régulier. Ils offrent de plus une profondeur, une régularité, une homogénéité de structure extrêmement frappante. Sans que l'on puisse dire qu'ils constituent un élément invariable et primordial de l'écorce lunaire, ils sont extrêmement répandus et, jusqu'à ces derniers temps, ils ont accaparé d'une façon presque exclusive l'attention des observateurs. Beaucoup les ont désignés sous le nom de *cratères* ou de *volcans*. Nous emploierons de préférence l'appellation de *cirque*, moins sujette à évoquer des analogies trompeuses et, par suite, à induire en erreur.

Il s'en faut en effet que, entre cirques lunaires et volcans terrestres, la ressemblance soit telle que nous soyons en droit de conclure, sans autre examen, à l'identité des causes. Les différences sont profondes et méritent une grande attention.

Si nous prenons, par exemple, un cirque lunaire de premier rang et bien conservé, tel que Langrenus, Copernic ou Arzachel (*fig. 38,*)il est certain que la régularité du bourrelet, sa hauteur uniforme suggèrent des comparaisons avec les cratères de volcans. Mais la ressemblance n'existe qu'en plan. Le cirque lunaire est bien plus grand que le cratère terrestre. Il y a, dans les exemples que nous avons cités, 80km ou plus d'un bord à l'autre. Aucun cratère terrestre en activité ne mesure 2km de large, et, si l'on rencontre des bassins volcaniques plus vastes (la Caldiera de Palma, les cirques de la Réunion, le Kilauea des îles Sandwich), ce sont des emplacements de croûtes effondrées, et non des orifices de cheminées.

Le cirque lunaire est également beaucoup plus profond (de 3000m à 6000m). Le volume de la cavité est fort supérieur à celui du bourrelet entier, au lieu que le cratère terrestre n'entame qu'une faible portion de la montagne qui le porte. Le fond du cirque est ordinairement plat et s'abaisse bien au-dessous du plateau environnant. Il n'est pas rare de voir s'élever au centre une montagne ou un groupe de montagnes absolument isolés. Quelquefois il n'y a pas de bourrelet du tout, ou du moins pas de pente extérieure, comme dans Ptolémée. Le rebord, coupé de vallées nombreuses, n'a aucun caractère d'unité. D'une façon générale, le volcan terrestre est en relief, le cirque lunaire est en creux (*fig. 43*).

A cette différence radicale dans l'aspect externe se joignent, pour nous conseiller la réserve, la très grande difficulté de distinguer entre les matériaux superposés, l'impossibilité de prélever des échantillons et de pratiquer des coupes. Mieux vaut donc oublier momentanément ce que nous pouvons savoir des volcans, demander à l'observation directe ou photographique de la Lune, sans idée préconçue, tout ce qu'elle peut donner. Nous comparerons les cirques entre eux, en nous attachant de préférence aux plus grands et aux mieux visibles; nous tâcherons de nous insinuer dans leur intimité. Sur un nombre aussi grand d'individus (les Cartes en ont enregistré 30000 et elles ne sont pas complètes), des familles naturelles finiront bien par se dessiner. Nous devrons rechercher les relations de ces divers groupes, établir leur ordre de succession. L'application des lois élémentaires que nous ne pouvons supposer en défaut éliminera plusieurs des hypothèses qui auraient pu être imaginées tout d'abord. Si, après ce passage au crible, l'analogie avec les volcans terrestres demeure indiquée ou seulement possible, nous y aurons recours, sans vouloir pousser nos déductions trop loin, car les géologues eux-mêmes ne sont pas tous d'accord sur l'origine de ces manifestations redoutables.

Pour exécuter ce programme à la lettre, nous aurions d'abord à exécuter une reconnaissance générale de toute la surface visible de la Lune, en nous attachant à la statistique et à la description des cirques. Mais cette analyse nous conduirait à excéder de beaucoup les bornes imposées à ce petit Livre. Nous allons essayer d'en condenser les résultats, renvoyant pour le détail aux Mémoires qui accompagnent les différents fascicules de l'Atlas publié par l'Observatoire de Paris.

Distribution des cirques.--Aucune aire un peu étendue, sur la Lune, n'est tout à fait exempte de cirques. Ils sont en général plus nombreux, cela est évident à première vue, sur les continents que sur les mers. La région la plus pauvre comprend les massifs montagneux des Alpes, du Caucase, des Apennins et quelques golfes très unis qui agrandissent le périmètre des mers. La région la plus riche est la calotte australe, où il y a superposition, mais non enchevêtrement d'enceintes successives apparues sur le même emplacement. Quand un cirque est incomplet, ce n'est point par avortement, mais par destruction totale de la partie manquante. Chaque conflit de deux formations permet donc d'assigner entre elles un ordre chronologique, et l'on constate que les cirques les derniers venus sont presque sans exception les plus petits et les plus profonds. On est donc doublement fondé à les considérer comme formés aux dépens d'une croûte progressivement épaissie (*fig. 47*).

Sur une Carte d'ensemble, nous pouvons voir que les cirques tombent moins souvent dans le périmètre des mers et plus souvent sur leur limite que ne le comporterait une distribution fortuite. Ils affectionnent les grandes cassures qui servent de limites aux fosses méditerranéennes. En pareil cas, leur centre ne se place pas exactement sur la ligne de rupture, mais un peu à l'intérieur du côté concave, et la même loi régit les petits cirques parasites placés sur le rebord des grands. Dans les régions des hauts plateaux, où l'écorce est parcourue par des sillons rectilignes, ces sillons commandent souvent l'alignement des cirques en limitant l'expansion de tous ceux qu'ils rencontrent, et dessinent des tangentes communes, soit intérieures, soit extérieures, au contour de plusieurs cirques (*fig. 45*). Il n'est pas rare non plus de voir des grands cirques former des chaînes alignées sur le méridien. Il suffira de citer les associations Langrenus, Vendelinus, Petavius; Théophile, Cyrille, Catherine; Ptolémée, Alphonse, Arzachel; Thebit, Purbach, Regiomontanus, Walter. Même en l'absence de sillons rectilignes, on voit des séries de petits orifices soit sur les hauts plateaux, soit sur le fond des mers, former des chapelets, des alignements serrés et manifestes.

Caractères distinctifs des cirques.--Un certain nombre se classent à part par un relief vigoureux, des arêtes vives, un air général de jeunesse et d'intégrité. Ces caractères sont surtout communs chez les petits individus, mais il y en a aussi de fort grands dans le même cas. Tel est par exemple Théophile, le bassin le plus profond de la partie centrale de la Lune. Le bourrelet, d'une régularité surprenante, semble construit au tour. D'un bord à l'autre, on mesure exactement 100km. La pente est douce vers le dehors et la dénivellation totale ne s'évalue pas facilement; mais à l'intérieur on peut mesurer la largeur de l'ombre, et l'on s'assure qu'il y a 5500m de différence d'altitude entre le rempart et la plaine. Aucune montagne terrestre ne s'abaisse de si haut dans le même espace, et l'on peut présumer qu'un spectateur placé sur le massif central aurait sous les yeux un tableau des plus imposants. Ce massif est considérable, dominé par plusieurs pics. Ici encore, l'ombre se prête à la mesure et accuse une altitude de 2000m. Il s'en faut bien, par conséquent, que le massif central atteigne au niveau du rempart (*fig. 31*).

Aristarque, Eudoxe, Aristote, Langrenus, Tycho sont d'autres représentants du type saillant et vigoureux. Tous possèdent des montagnes centrales à plusieurs sommets distincts. Le rempart présente quelques points anguleux et s'abaisse par gradins vers l'intérieur. Il semble souvent que l'on ait essayé de plusieurs ébauches polygonales avant de s'arrêter à une forme circulaire qui se superpose aux premières sans les effacer en totalité. Un autre trait digne d'être retenu est la présence de digues rectilignes qui limitent en divers sens l'expansion du cirque et l'encadrent dans un hexagone ou dans un quadrilatère (*fig. 47, 48*).

D'autres grandes enceintes présentent, avec une dépression plus faible, un intérieur encore plus uni. Tel est Platon, où il faut une lunette puissante et beaucoup d'attention pour apercevoir quelques accidents. Il est le *Lac noir* des premiers sélénographes, et, en effet, il offre cette particularité de trancher par sa teinte sombre sur les plaines voisines, et cela d'autant plus que le Soleil y approche plus du méridien. Un observateur placé au milieu de Platon pourrait s'y croire perdu dans une plaine illimitée. C'est tout au plus, en effet, si la courbure du globe lunaire lui laisserait apercevoir les points les plus élevés de l'enceinte (*fig. 40*).

Au type de Platon se rattachent Archimède, Posidonius, Taruntius, Guttemberg, Pitatus, Gassendi, tous situés dans le voisinage immédiat de mers, dont les séparent seulement des digues minces ou dégradées (*fig. 50, 51*).

Les spécimens que nous venons d'énumérer sont des formations de grande étendue, mesurant 50km à 150km de large. Il y en a beaucoup de moindres, jusqu'aux plus petits diamètres perceptibles, mais il y en a aussi de plus grands. D'habitude on ne leur donne pas la qualification de *cirques*; on leur réserve le nom de *mers* ou de *golfes*. Au fond, cette démarcation n'a pas une grande importance, et son caractère est plutôt conventionnel. Ainsi la mer des Crises, encadrée comme Ptolémée dans un hexagone, est aussi bien délimitée et n'est pas plus exactement aplanie que lui. Elle s'étend à 2000m ou 3000m en contre-bas des montagnes qui l'entourent (*fig. 32*).

La mer du Nectar, bien circulaire encore avec ses 200km de rayon, est loin d'être aussi profondément encaissée que Théophile, qui se rencontre tout auprès. Mais portons notre attention sur la région environnante, et nous verrons que la mer du Nectar est seulement la partie centrale d'un affaissement bien plus étendu, qui s'est propagé par zones concentriques, et dont la cassure des monts Altaï dessine la limite. Ainsi la tendance de notre satellite à détacher par des crevasses circulaires des fragments de son écorce, qui descendent ensuite au-dessous du niveau environnant, peut s'exercer sur de très grandes étendues à la fois, et toute explication mécanique des cirques doit être tenue pour insuffisante et suspecte, si elle n'est pas capable de s'adapter à ces cas extrêmes (*fig. 33*).

Ce qui donne aux cirques leur individualité, leur physionomie propre, ce n'est pas l'espace plus ou moins grand qu'ils occupent, c'est avant tout le caractère saillant du rempart, son dessin circulaire ou polygonal, la profondeur du bassin, la présence d'une montagne centrale. Peut-on à ces caractères faire correspondre un ordre de succession ou une localisation déterminée? Le problème est compliqué, mais point insoluble. Ainsi, dans certaines régions, l'aspect vigoureux et net est de règle; ailleurs, ce sont le délabrement et la vétusté qui dominent. Au voisinage du pôle Sud, nous ne voyons guère que des trous profonds et réguliers, découpés dans un plateau d'altitude uniforme. Il se rencontre ici des altitudes de 6000m et 7000m, dépassant même celle de Théophile. Dans la région arctique, au contraire, ces formes vigoureuses sont exceptionnelles. Ce sont les fonds des cirques qui paraissent constituer la partie moyenne de la planète. Au lieu de plateaux interposés, nous n'avons plus que de minces digues de séparation, plutôt rectilignes que circulaires, et dans un mauvais état de conservation (*fig. 46*).

Après ces généralités, il convient de signaler quelques formes que l'on a plus rarement occasion d'observer, mais que l'on relèverait sans doute en plus grand nombre si l'on avait la faculté d'y regarder de plus près. Ainsi quelques enceintes se montrent partagées en deux moitiés par un sillon rectiligne, soit en relief, soit en creux. Le premier cas est réalisé par Alphonse (*fig. 43*), le second par Petavius. On y soupçonne une deuxième fissure, dirigée en apparence suivant le diamètre conjugué de l'ellipse, en réalité orientée perpendiculairement à la première. Petavius est encore digne de remarque par l'importance du massif central, la structure du rempart en étages et son inscription dans un quadrilatère (*fig. 41*). Ces encadrements rectilignes, dont on relève avec un peu d'attention beaucoup d'exemples, sont le plus souvent tangents aux limites des cirques. Mais quelquefois aussi ils se tiennent à distance. Tycho, par exemple, occupe le milieu d'un parallélogramme dont tout l'intérieur a subi un affaissement visible; mais le cirque, d'aspect vigoureux et moderne comme Théophile, est resté confiné dans la partie centrale, et maintenu entre deux digues parallèles et plus rapprochées. L'écorce lunaire a possédé, au moins dans certaines parties, une sorte de charpente osseuse comparable à la carcasse métallique d'une serre. Les cases de ce damier gigantesque ont joué les unes par rapport aux autres, avec une tendance générale à l'affaissement. Le milieu de chaque case a présenté des conditions particulièrement favorables pour la formation d'un cirque, et les crêtes de séparation ont souvent arrêté l'expansion du bassin. On s'explique par là le grand nombre des sillons tracés suivant des tangentes communes à des enceintes voisines (*fig. 47*).

Ainsi ce ne sont pas des causes extérieures et accidentelles, ce sont les inégalités de résistance de l'écorce qui ont déterminé à l'avance les emplacements des grands cirques.

Auréoles et traînées.--Un autre phénomène bien remarquable, mais limité à un nombre relativement petit de cirques lunaires, est celui des auréoles blanches. Elles apparaissent mieux lorsque le Soleil, un peu élevé, a dissipé les ombres et rendu possible une juste appréciation des teintes. Continue dans le voisinage du cirque, l'auréole ne tarde pas à se diviser en traînées qui s'étendent à plusieurs centaines de kilomètres dans toutes les directions, avec quelques lacunes ou irrégularités.

Les traînées sont un accident superficiel. Elles n'altèrent pas le relief des régions qu'elles traversent; elles franchissent, sans être le moins du monde déviées, les montagnes placées sur leur trajet, et ne manifestent aucune tendance à s'écouler par les vallées qu'elles croisent. Quand elles s'arrêtent ou s'interrompent, c'est le plus souvent à la rencontre de bassins déprimés, dont la teinte sombre a résisté avec succès à l'extension des auréoles.

Certains foyers ne rayonnent pas dans toutes les directions: ainsi Proclus laisse ouvert entre deux traînées voisines un secteur sombre de 120° (*fig. 32*). D'autres n'émettent qu'un petit nombre de traînées isolées: tel Messier, qui envoie vers l'Est un double panache, tellement semblable à une queue de comète qu'un astronome du dernier siècle voulait absolument y voir une représentation intentionnelle offerte à notre curiosité par d'ingénieux habitants de la Lune (*fig. 28, 29*).

Un de ces systèmes de traînées mérite une attention particulière. C'est Tycho, déjà signalé tout à l'heure, qui en est le centre. Son rayonnement embrasse bien une moitié de la partie visible de la Lune. Il est si étendu qu'aucune photographie ne peut bien en montrer tout l'ensemble. Mais les images partielles mettent en évidence une particularité remarquable: l'auréole ne s'étend pas aux pentes extérieures du cirque. Elle y est remplacée par une couronne sombre. Ce cas n'est pas isolé; il y en a d'autres exemples, mais celui de Tycho est le plus apparent (*fig. 42*).

Il est inadmissible que la cause qui produit les traînées, quelle qu'elle soit, n'entre pas en jeu au voisinage immédiat du centre d'action. Si donc l'auréole ne commence pas au bord même de l'orifice, ce n'est pas que la matière constitutive des traînées blanches y ait manqué, c'est qu'elle a été recouverte par un dépôt plus récent, de couleur sombre, mais moins susceptible de s'étendre à de grandes distances.

Aperçu des principales théories sélénologiques.--Les dissemblances très accentuées qui existent entre les cratères des volcans terrestres et les cirques lunaires ont provoqué des tentatives intéressantes, mais à notre avis infructueuses, pour expliquer l'origine des cirques sans faire appel aux phénomènes volcaniques.

Théorie des tourbillons.--Ainsi, dans une Communication présentée à l'Académie des Sciences en 1846, un officier français, le capitaine Rozet, signale d'autres exemples de forme circulaire présentés par la nature. Ce sont les tourbillons fluviaux et marins, les cyclones atmosphériques. Dans ce dernier cas aucune limite de grandeur n'est plus imposée. De plus, les tourbillons peuvent naître partout où se trouvent en présence des courants de vitesse différente. Ils ont la propriété de rejeter à leur circonférence les matériaux qu'ils transportent. Voici donc trouvés les artisans des mers et des grandes enceintes. Chacune d'elles marque l'emplacement d'un tourbillon provoqué par les marées et les variations de température sur la Lune encore liquide. A mesure que la solidification progressait, les tourbillons accumulaient sur leurs bords les scories dont ils étaient chargés. Ainsi se sont, avec le temps, édifiés les remparts.

Théorie des marées.--Faye est pour le volcanisme un adversaire non moins déterminé et redoutable. Point de volcans, nous dit-il, sans d'abondantes émissions de vapeur d'eau et de gaz; or la Lune n'a ni eau ni gaz, donc les cirques lunaires ne sont point des volcans. A leur place Faye met en jeu la force des marées provoquées par l'attraction de la Terre sur le noyau encore fluide de la Lune. Ce flot périodique a dépensé aujourd'hui toute son énergie à établir l'égalité entre les durées de rotation et de révolution de notre satellite, mais auparavant il a pu se montrer capable d'actions mécaniques importantes. Le fluide intérieur, réduit à se faire jour par d'étroits orifices, les a lentement usés et arrondis, de manière à donner à chacun d'eux les dimensions actuelles des cirques. Ce même fluide a exhaussé les bords de l'entonnoir en venant périodiquement s'y figer. Un retrait général a précédé la solidification. Du fond plat ainsi constitué, une dernière éruption a fait jaillir la montagne centrale. On peut citer comme confirmant en partie les idées de Faye les expériences plus récentes de MM. H. Ebert et W.-H. Pickering. L'un et l'autre sont arrivés à produire artificiellement des enceintes circulaires à bourrelet saillant par des alternatives d'aspiration et de refoulement sur une masse fluide encroûtée.

Théorie de l'ébullition.--D'autres expérimentateurs, notamment M. Stanislas Meunier, se sont livrés, dans un but scientifique, à l'opération culinaire connue sous le nom de *friture*. On prend une matière pâteuse, plâtre, mortier ou ciment; on y incorpore de l'eau, un peu de matière grasse ou de glu pour faciliter la prise, et l'on chauffe le mélange. Un moment vient où des bulles volumineuses crèvent à la surface. Si les proportions ont été bien choisies un certain nombre de bulles laissent leur empreinte dans la croûte figée, et ces empreintes sont des images passablement fidèles des cirques lunaires. Ou ces expériences sont sans application à notre sujet, ou leurs auteurs nous demandent d'admettre qu'un grand cirque peut ainsi se former d'un seul coup, c'est-à-dire qu'une bulle dégagée dans une masse pâteuse peut mesurer aussi bien 100km que 1cm. La transition est encore plus malaisée, on en conviendra, que des cratères terrestres aux cirques lunaires.

Théorie glaciaire.--S'il faut renoncer à faire creuser les cirques par les forces intérieures, on invoquera dans le même but les agents externes, par exemple la différence de température entre le globe lunaire et l'espace céleste. C'est ainsi que, pour M. Ericsson (*Nature,* vol. XXXIV, année 1886, p. 248), la Lune est dans son ensemble couverte de glace; mais, sur certains points privilégiés, la chaleur du sol fond cette glace et vaporise l'eau de fusion. Une partie retombe en neige sur les bords de l'entonnoir, où elle se condense et s'accumule. La partie qui retombe à l'intérieur y est liquéfiée et vaporisée de nouveau, et le cycle se continue jusqu'à la congélation finale de l'ensemble.

Théorie météorique.--On sent bien la difficulté d'expliquer ainsi la montagne centrale, l'altitude irrégulière du bourrelet, la dépression du fond du cirque par rapport aux plateaux voisins. Aussi s'est-on demandé si les orifices innombrables dont la surface lunaire est semée ne seraient pas des empreintes de projectiles venus des profondeurs de l'espace. Il semble que cette idée ait été émise pour la première fois par Gruithuisen en 1846. Il est évident qu'elle ne s'appuie à aucun degré sur les faits d'observation concernant les bolides et les étoiles filantes. Les projectiles qui nous arrivent des profondeurs de l'espace sont insignifiants par rapport au volume de la Terre et ne contribuent dans aucune mesure appréciable au modelé de sa surface. Il n'est pas moins hasardeux de faire bombarder la Lune par des projectiles venus de la Terre, car les plus violentes explosions volcaniques sont bien loin de communiquer aux matériaux émis la vitesse nécessaire, et rien ne donne lieu de penser qu'elles aient eu plus d'énergie dans le passé. Il semble même certain que les éruptions sont d'autant plus calmes que l'on se rapproche davantage d'un état général de fluidité.

Ce qui rend séduisante l'hypothèse météorique (ou balistique), c'est la possibilité de rattacher à une origine analogue les accidents de toute dimension, cratères, cirques et mers, que relient ensemble une certaine ressemblance et une apparente continuité. C'est aussi la faculté que l'on a d'obtenir des formes analogues par des essais de laboratoire et la tendance bien naturelle des expérimentateurs à considérer ces analogies comme décisives, malgré l'énorme différence des échelles. Le difficile, évidemment, n'est pas d'obtenir un trou, c'est de faire naître un relief saillant de quelque importance si la surface choquée est résistante, de quelque durée si on la prend fluide ou semi-fluide. Il ne peut être question non plus d'imprimer aux projectiles des vitesses comparables à celles des corps célestes. Les expériences les plus variées et les plus heureuses dans cette direction sont dues à la persévérance de M. Alsdorf. Elles ont été publiées en 1898[14]. M. Alsdorf renonce à l'emploi des substances pâteuses essayées par ses prédécesseurs. Ces substances ne donnent jamais qu'un type de bourrelet et de montagne centrale, et ne s'adaptent pas à la variété des accidents lunaires. Il est préférable d'étendre sur une planche une couche de poudre homogène: c'est le lycopode qui réussit le mieux. On y projette sous divers angles des balles élastiques de caoutchouc ou de laine. En se relevant, le projectile exerce sur la poudre une sorte d'aspiration. Un bourrelet se forme dans la période de compression, une éminence centrale dans la période de dilatation. Que l'on emploie un projectile de forme irrégulière, et l'enceinte va devenir anguleuse. Que l'on superpose deux couches de teinte différente, et les particules ramenées à la surface ou projetées au dehors imiteront les traînées divergentes. On dispose pour varier les effets de trois éléments principaux, vitesse du projectile, angle d'incidence, rapport de l'épaisseur de la couche poudreuse au diamètre de la balle.

Note 14: (retour) H. Alsdorf, *Experimentelle Darstellungen von Gebilden der Mondoberfläche, mit besonderer Berücksichtigung des Details.Gaea*, 1898, Erstes Heft, s. 35.

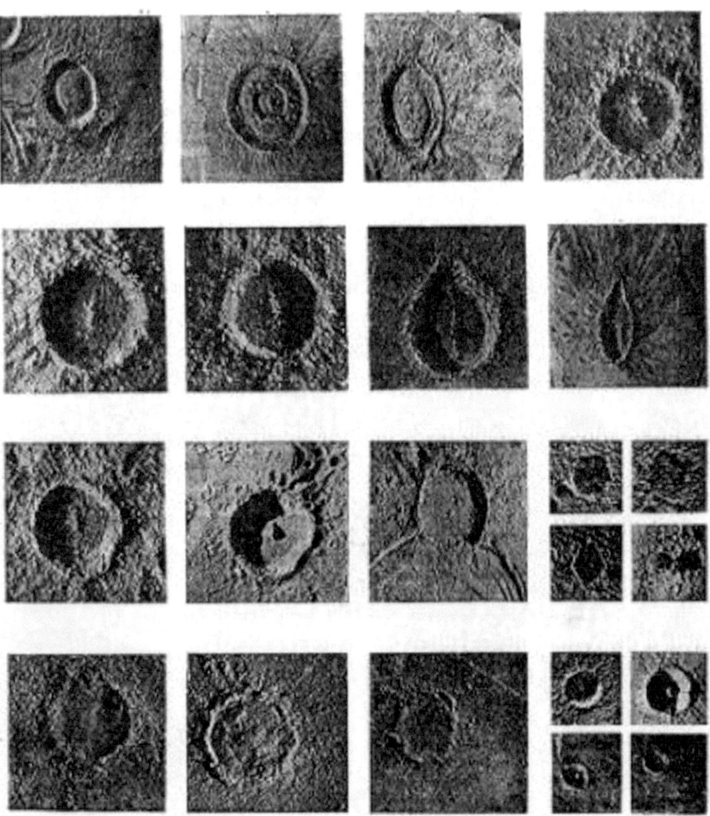

Reproduction artificielle des cirques lunaires, par M. Hermann Alsdorf.
Extrait du journal *Gaea*, année 1898, publié par Eduard Heinrich Mayer,
à Leipzig, Rossplatz, 16.

Les photographies données par M. Alsdorf ne feront pas illusion
à un observateur familier avec les cirques lunaires, mais il n'est pas
contestable, cependant, que la ressemblance ne soit réelle. Avant de
conclure de cette ressemblance à l'identité des causes, il est clair que
plusieurs questions préalables sont à résoudre. La probabilité *a
priori* pour que le mécanisme invoqué ait agi est un élément indis-

144

pensable de décision. Un projectile vigoureusement lancé peut communiquer autour de lui un ébranlement plus ou moins étendu, mais, s'il laisse une empreinte durable et nettement terminée, cette empreinte excédera peu les dimensions du projectile. Faut-il admettre que la Lune ait reçu, dans toutes ses parties, une averse de bolides de 100km de diamètre, bombardement que l'on n'a jamais constaté et dont les observations géologiques n'indiquent aucune trace? M. Alsdorf ne recule pas devant cette conséquence. Faudra-t-il croire aussi que, deux corps célestes venant à se rencontrer, le plus petit rebondira comme une balle élastique, sans qu'il y ait écrasement ou pénétration? Ici l'invraisemblance est trop forte. Aussi M. Alsdorf renonce finalement à interpréter son expérience au profit de la formation des montagnes centrales. Il admet que la pénétration du projectile est suivie d'un violent dégagement de chaleur, sous l'influence duquel le massif intérieur surgit au fond de l'empreinte.

CHAPITRE XII.

L'INTERVENTION DU VOLCANISME DANS LA FORMATION DE L'ÉCORCE LUNAIRE.

Impossibilité d'exclure complètement les forces internes.--Les tentatives d'explication du relief lunaire dont nous avons indiqué le principe émettent toutes, au début, la prétention d'exclure les phénomènes éruptifs. Mais, dès qu'on leur demande de développer leurs conséquences ou de rendre compte de certains traits spéciaux, on s'aperçoit bientôt que le volcanisme y est moins maltraité qu'il n'en a l'air. On le proscrit au début, mais en définitive on revient à lui. Qu'est-ce, en effet, qu'une éruption, sinon la création d'un relief sous l'influence d'un excès de pression interne? Or c'est bien à des actions de ce genre que M. Stanislas Meunier demande l'érection instantanée d'un cirque lunaire. Ce sont elles que Faye et M. Alsdorf chargent de construire d'un seul coup les montagnes centrales, c'est-à-dire des massifs de 1500m à 2000m de haut. C'est exiger des forces éruptives plus qu'elles ne sont capables de donner d'après notre expérience terrestre, car les grands édifices volcaniques sont tous le résultat d'accumulations séculaires. Pas une seule expérience terrestre ne nous amène à considérer comme possible l'apparition d'une véritable montagne comme contre-coup d'un choc ou d'une explosion.

La théorie des tourbillons et la théorie glaciaire sont en réalité les seules à ne rien emprunter aux volcans. Mais toutes deux présentent des lacunes capitales en ce qui concerne les montagnes centrales, les traînées divergentes et les grandes fissures. Et même si l'on s'attache aux cirques, que l'on se propose plus spécialement d'expliquer, une analyse plus complète montrera que l'intervention des tourbillons ou des concrétions de glace est, en définitive, inopérante. Attribuer aux cyclones les dimensions des mers lunaires, c'est vouloir qu'ils évoluent au sein d'un fluide presque parfait et dénué de résistance. Dès lors il devient impossible d'admettre que tous ou même la majorité d'entre eux aient occupé des emplacements stables. On ne peut plus leur demander d'édifier des remparts de cirques, de faire surgir en dépit de la pesanteur des constructions régulières et permanentes de plusieurs milliers de mètres de hauteur. Cette persistance dans l'action ne cadre pas avec un tempérament voyageur. Autant que nous pouvons le savoir, les cyclones détruisent et ne bâtissent pas.

Le concours de longues périodes de temps n'est pas moins nécessaire si l'on veut faire constituer de hautes montagnes par des condensations neigeuses successives. Dès lors la répartition de ces dépôts n'aurait pu se faire d'une manière aussi irrégulière en dépouillant certains emplacements, toujours les mêmes, au profit d'une bande étroite qui les entoure. Les chutes de neige atténuent toujours le relief existant, par cette simple raison que la neige obéit à l'action de la pesanteur plus aisément que tout autre élément solide de l'écorce. Les remparts des cirques, s'ils avaient été formés par cette voie, se maintiendraient à des altitudes très uniformes, au lieu d'être, comme il arrive souvent, coupés de vallées et de brèches profondes. L'influence de la latitude aurait dû se faire sentir dans la distribution des neiges, et des calottes plus épaisses se seraient formées sur les pôles, où le relief est, au contraire, très accidenté. Enfin l'existence présente d'une aussi grande quantité de glace sur la Lune supposerait, dans le passé, une période où d'abondantes condensations liquides se seraient produites. Elles auraient entraîné comme conséquences fatales des phénomènes d'érosion et de sédiment dont les traces seraient demeurées visibles et, en tout cas, l'obstruction des fissures.

La structure du rempart des cirques donne un démenti également net à la théorie des marées. La fusion des bords d'un orifice, l'épanchement d'un liquide au dehors, sa solidification par nappes nécessairement très minces, ne peuvent donner lieu qu'à un relief extrêmement doux, à peine appréciable. L'effort d'un liquide comprimé peut provoquer la rupture ou la déchirure de la paroi qui l'enferme, nullement la formation d'orifices espacés et réguliers, moins encore celle d'un pic de grande altitude. Si MM. Ebert et Pickering ont réussi à produire ainsi des bourrelets saillants, il est hors de doute que leur succès est lié à la petite échelle des expériences. Un liquide sortant en grandes masses ne peut que s'épancher en larges nappes et non s'accumuler sur certains points privilégiés. Les marées peuvent avoir leur rôle dans la distribution générale des mers et des cirques, mais des forces plus énergiques et plus localisées s'accusent, dans chaque formation particulière, comme prépondérantes.

C'est encore à la dimension très réduite des objets qu'est lié le succès partiel de la théorie de l'ébullition. Dans une masse fluide, les gaz qui viennent se dégager à la surface ne laissent pas d'empreinte. Des vestiges pourront subsister si la matière est pâteuse et choisie de telle façon que le point d'ébullition et le point de solidification soient presque confondus. Mais aucun choix de substances, aucune application calculée de la chaleur ne peut amener la formation de bulles dépassant quelques centimètres. Veut-on que les gaz s'échappent d'une manière intermittente et en masses plus grandes, il faut laisser se former une croûte solide. Celle-ci cédera sous une pression suffisamment forte, par fissurement ou explosion, mais les ouvertures formées ne présenteront plus de ressemblance, même éloignée, avec les cirques lunaires.

L'explication météorique ou balistique se défend mieux. Elle peut en effet invoquer à la fois des faits d'observation et des expériences. La Terre recueille sur son passage des corps nombreux, aérolithes ou bolides; il est très probable que la Lune en reçoit aussi; il est possible qu'elle en ait reçu dans le passé beaucoup plus. D'autre part, les essais de M. Alsdorf montrent qu'avec un choix judicieux et intentionnel de matières meubles et de projectiles élastiques, la plupart des accidents lunaires peuvent être imités.

Il semble, d'abord, qu'il y ait disproportion inadmissible entre l'effet constaté et la cause présumée. Les bolides tombés sur la Terre n'approchent point de la dimension des cirques. Ils atteignent la surface avec de très grandes vitesses relatives et sous tous les angles, au lieu que les orifices réguliers de la Lune ne peuvent être imputés qu'à des chutes normales. On ne voit pas enfin pourquoi la Lune aurait eu le monopole de ces énormes empreintes, à l'exclusion de notre globe.

On peut atténuer beaucoup la force apparente de ces objections, ainsi que l'a montré M. Gilbert dans une intéressante étude[15]. Les projectiles dont la Lune garde la trace ne seraient point de la même origine que les aérolithes; ils n'auraient pas davantage été lancés par la Terre encore incandescente. Ce seraient des satellites de la Terre au même titre que la Lune, circulant avec elle dans une même orbite et que l'attraction prépondérante de l'un d'eux aurait, dans le cours des âges, agglomérés en un seul corps. Dès lors, ils peuvent s'être rejoints avec de médiocres vitesses relatives, et pour les dernières chutes, les seules dont nous observions les traces, l'attraction centrale devait avoir pour conséquence une incidence à peu près normale.

Note 15: (retour) *The Moon's Face, a story of the origin of its features*, by C.-K. Gilbert (*Bull. phil. Soc. of Washington*, vol. XII, p. 241).

Cette transformation progressive d'un anneau équatorial en un satellite unique est expressément proposée par Laplace, à titre d'hypothèse, à la fin de sa *Mécanique céleste*. Depuis, l'expérience célèbre de Plateau a montré le passage d'un anneau continu à un certain nombre de satellites globulaires, jamais, croyons-nous, la réunion de tous ces globules en un corps unique. Il est remarquable que tous les efforts des géomètres pour analyser les divers degrés de cette métamorphose ont échoué, et que divers théoriciens, notamment MM. Kirkwood et Stockwell, ont été amenés à la considérer comme très invraisemblable. Il n'a pas été prouvé, cependant, qu'elle fût impossible et le fait que, pour une distance moyenne donnée du centre attractif, il n'existe en général qu'un seul satellite ou qu'une seule planète, constitue en faveur de l'hypothèse de Laplace une présomption favorable dont l'explication météorique doit bénéficier.

Mais la difficulté la plus grave est ailleurs. On est obligé pour le succès des expériences de se placer dans des conditions physiques qui ne peuvent pas être réalisées, même approximativement, sur la Lune.

Ainsi, que la surface choquée soit liquide ou instantanément liquéfiée par le choc ou simplement pâteuse, on n'obtiendra comme résultat final qu'un relief nul ou insignifiant. Si le projectile pénètre dans une croûte résistante, on obtient un trou, mais pas de bourrelet saillant, point de fond plat ni de montagne centrale. Pour allier ces deux derniers caractères, il faut recourir à l'artifice de M. Alsdorf, c'est-à-dire étendre une couche de poudre sur une planche à la fois élastique et résistante. En supposant, contre toute vraisemblance, que la nature réalise cette combinaison, on verra sans peine que le succès n'est possible qu'à petite échelle. Si l'on attribue au projectile les dimensions des cirques lunaires et la vitesse due à la seule attraction de la Lune, il ne peut plus être question pour lui de rebondissement; il y aura fatalement écrasement ou pénétration. Il ne reste pour ériger le bourrelet et la montagne centrale que le rejaillissement de gaz consécutif au choc. Mais cette cause, essentiellement superficielle et de très courte durée, est incapable du travail qu'on lui demande. Le gaz dispose pour s'échapper du très large orifice créé par le projectile. Sa détente est instantanée et il ne peut entraîner de grandes masses solides comme s'il était comprimé par un orifice étroit.

Mais, du moment que l'on est obligé de revenir aux forces intérieures pour expliquer la structure des cirques, on se demande quel avantage on trouve à faire exciter ces forces par un agent extérieur. A s'en tenir aux leçons que la Terre nous donne, il est indéniable que l'énergie expansive de l'intérieur du globe est la seule force qui réussisse à combattre efficacement le poids de l'écorce et à créer des reliefs durables. Avant de recourir à des influences problématiques, à des catastrophes inouïes, n'est-il pas sage de se demander si cette cause, d'une réalité et d'une puissance incontestables, n'a pas été à même de produire sur notre satellite d'autres effets encore?

D'après cela, des géologues comme Poulett Scrope, des astronomes à la suite de Nasmyth et Carpenter, ont admis que chaque cirque pouvait être un cratère de volcan formé par explosion. L'origine de ces explosions, se produisant à la fois sur plusieurs milliers de kilomètres carrés, ne serait pas l'accumulation souterraine des gaz et des vapeurs, puisque la Lune est privée d'atmosphère. Ce serait l'expansion subite que la lave, de même que l'eau, éprouve en se solidifiant. Dans ce système chaque cirque devient un cratère de volcan, le rempart est formé par l'accumulation des scories et des cendres retombées en pluie, l'auréole est un ensemble de fissures qui rayonnent du centre ébranlé, la montagne centrale est un cône secondaire, surgi lors d'un réveil tardif de l'énergie éruptive.

Sous cette forme, la théorie volcanique n'a plus aujourd'hui de partisans. Il est douteux que les laves se dilatent en se solidifiant; aucun effet mécanique réellement observé ne se rattache à cette expansion. Tout au plus pourrait-elle fissurer l'écorce, mais non en faire sauter une portion étendue, épaisse de plusieurs milliers de mètres. Ce n'est pas seulement un déplacement qu'il s'agit de produire, mais une destruction, car le bourrelet est loin, en général, de représenter le volume de la cavité, et cette disproportion est d'autant plus forte que l'on considère des cirques plus grands. La structure du rempart n'accuse point, quand elle est visible, un refoulement à l'extérieur, mais au contraire un affaissement progressif vers le centre. Les petits orifices, dont les détails échappent, sont les seuls pour lesquels l'origine explosive semble pouvoir être admise.

On s'est flatté de trouver un meilleur point de comparaison en s'adressant à une classe particulière de volcans. Ce sont les bassins effondrés, qui n'ont jamais servi, dans leur ensemble, de bouches d'éruption, mais dont le fond est parfois rempli de lave et se hérisse de petits volcans secondaires. Ainsi, l'île de la Réunion présente dans sa partie supérieure trois bassins contigus résultant, d'après M. Vélain, de l'affaissement d'une même voûte. Le piton Bory, égalementment situé dans l'île de la Réunion, n'est pas non plus sans ressemblance avec quelques enceintes lunaires. Il est à noter, toutefois, que le cône central dépasse les bords de la cassure, ce qui n'arrive point sur la Lune.

Il existe enfin, dans les îles Sandwich, sur le flanc d'un énorme volcan, un bassin d'effondrement, le Kilauea, long de 5km et qui, à certaines époques, se remplit de lave incandescente. Cette lave y séjourne parfois assez longtemps pour se solidifier en partie et laisse ensuite, en se retirant, des gradins adhérents aux parois. D'après le géologue Dana, qui en a fait une étude approfondie, c'est ce type de volcan terrestre qui seul doit être rapproché des cirques.

Cette concession n'a pas désarmé les adversaires du volcanisme. Les bassins effondrés sont, à leur gré, encore trop petits; ils sont, d'ailleurs, irréguliers dans leurs contours, ils manquent de remparts saillants et, sauf l'exception peut-être unique du piton Bory, de montagnes centrales. Enfin rien, dans leurs abords, ne ressemble au phénomène des traînées divergentes.

Plus récemment, le professeur Suess est venu apporter aux idées de Dana le complément d'observations faites sur les creusets des métallurgistes. Chaque cirque est pour lui un emplacement ramené à l'état liquide par un flux de chaleur interne. Les montagnes situées en bordure sont des scories charriées par les courants et accumulées sur le rivage. Les variations de niveau se sont accomplies moins sous l'influence des marées que par le dégagement des gaz dissous et emprisonnés. Les petits orifices formés en dernier lieu sont des bouches d'explosion, et l'on ne voit pas quel agent, autre que la vapeur d'eau, a pu les produire. Comme dans la théorie de Nasmyth, les auréoles sont des fissures rayonnantes, et le changement de couleur du sol sur leur trajet est la conséquence d'émanations locales, semblables aux fumerolles des volcans italiens.

A notre avis, le système du professeur Suess restitue une place légitime, mais encore insuffisante, à l'expansion des vapeurs et des gaz comprimés. Qu'elle soit intervenue sous une forme ou sous une autre, il n'y a pas de motif raisonnable d'en douter. L'absence actuelle d'atmosphère peut être le résultat d'une évolution récente, ainsi que nous l'avons vu au Chapitre IX. La Lune, moitié moins dense que la Terre, est formée de matériaux légers. Les gaz et les vapeurs ont dû s'y trouver en grande proportion. Ils ont été, plus aisément que sur la Terre, enfermés dans l'écorce par cette simple raison qu'un globe plus petit subit un refroidissement plus rapide.

Voici donc cette force, qui tend à soulever les couches superficielles, en conflit avec la pesanteur qui travaille à les maintenir. Des deux adversaires en présence, lequel va l'emporter? Sur la Terre, l'issue du combat n'est pas douteuse. Les matières éruptives, impuissantes à soulever les couches solides, s'insinuent péniblement dans les fissures. Ce n'est guère qu'au moment d'arriver au jour qu'elles font sauter, qu'elles pulvérisent parfois le dernier obstacle opposé. Sur notre satellite, les conditions de la lutte sont bien différentes. La force expansive des vapeurs reste tout entière, il est même probable qu'elle est augmentée. La pesanteur, au contraire, est réduite à la sixième partie de sa valeur. Il y a donc des chances sérieuses pour que, pendant une certaine période au moins, la force éruptive l'emporte, et pour que l'écorce lunaire se soulève par intumescences.

Quelles formes prendront ces ampoules? Ce seront des portions de sphère, par la raison bien simple que la sphère est, entre toutes les figures, celle qui comprend sous une surface donnée la plus grande capacité. Ainsi, en demeurant sphérique, la croûte réalise, au prix de la moindre extension possible, l'augmentation de volume qui lui est demandée. Ces calottes sphériques, de plus petit rayon que la surface lunaire, la couperont suivant des cercles, et nous obtenons ainsi une raison plausible de la régularité du contour des cirques.

Quelle étendue chacune de ces intumescences va-t-elle recouvrir? Celle où se manifeste à la fois un fort accroissement de pression interne. Nous avons, à cet égard, une indication utile dans l'allure habituelle des volcans terrestres. Il est commun, en effet, de voir entrer simultanément en éruption les divers cratères d'une même région, à des distances de 200km, 300km, 500km et davantage. Récemment encore, la catastrophe de la Martinique était le signal d'un réveil d'activité sur les rivages de la mer des Antilles, dans l'Amérique centrale et jusque dans la République de l'Équateur. Ce sont là des périmètres où les cirques lunaires peuvent tenir à l'aise.

Mais l'édifice ainsi construit n'est pas stable. Un jour ou l'autre des fissures s'y dessinent. Des cônes volcaniques s'élèvent au point le plus faible, c'est-à-dire vers le sommet de l'intumescence. Le moment vient où la pression intérieure diminue, et la pesanteur, qui ne perd jamais ses droits, abaisse le centre du dôme. Cet affaissement, propagé par zones concentriques, finit par ne laisser debout que l'assise inférieure de la voûte, celle qui forme aujourd'hui le rempart. Les gradins intérieurs représentent les bordures affaissées en dernier lieu, et que leur situation en porte-à-faux vouait à la destruction. L'examen de ces terrasses montre leurs éboulements successifs vers le centre, jamais les refoulements centrifuges qu'auraient opérés des projectiles ou les concrétions qui seraient l'oevre des marées.

Le mouvement de descente du centre sera le plus souvent assez lent pour respecter le relief antérieur et pour laisser au massif volcanique une certaine prééminence sur ce qui l'entoure. Qu'un épanchement se produise et les cônes d'éruption en émergeront comme des îles, sans relation visible avec le rempart.

L'énergie intérieure est sujette à récidive. Elle pourra se manifester encore par la formation de nouveaux cirques sur l'emplacement consolidé du premier, plus tard par des explosions semblables à celles des volcans terrestres. Ces explosions auront pour siège soit la montagne centrale, soit des orifices semés sur les crevasses de rupture, et bien souvent trop petits pour être observés.

Les auréoles et les traînées divergentes sont des cendres émises par ces cataclysmes et disséminées par des courants atmosphériques variables. Ce ne sont point des crevasses ni des éclaboussures, dont la propagation ne saurait être aussi rectiligne ni aussi indépendante du relief. L'étendue qu'embrasse un même étoilement n'est pas telle qu'on ne puisse en retrouver des exemples dans l'histoire des volcans terrestres. Ainsi, il est avéré que l'éruption du Timboro en 1815, celle du Coseguina en 1835 ont couvert de débris des espaces plus vastes que la France ou l'Allemagne. Des éruptions islandaises ont été suivies de pluies de cendres jusqu'à Stockholm, à 1700km de distance. Ces dépôts ont seulement trouvé sur la Lune des conditions plus favorables à leur conservation.

Voici, à ce sujet, un rapprochement qui ne doit pas être passé sous silence. Nous avons vu que certains systèmes de traînées, par exemple celui de Tycho, ne montrent pas leur teinte blanche caractéristique dans le voisinage immédiat du cirque central. Ils y sont remplacés par une couronne sombre. Or la même circonstance se présente pour le manteau de cendres déposé autour de certains cratères terrestres. Ce manteau disparaît dans le voisinage immédiat du volcan sous une couche plus sombre de matériaux moins divisés, pierre ponce ou blocs de lave. Le fait se vérifie par exemple sur les volcans du Guatemala, dont une Carte est donnée dans le bel Ouvrage du professeur Suess: *La face de la Terre.*

En résumé, les cirques ne sont pas pour nous des cratères de volcans, mais des régions volcaniques soulevées, puis affaissées. Si l'on se place à ce point de vue, on sera dispensé, pour expliquer les formations lunaires, d'imaginer des bolides gigantesques, de faire construire des montagnes par des bulles de gaz, des cyclones et des marées. Il suffira d'admettre que, dans l'inévitable conflit entre la pesanteur, d'une part, et l'expansion des vapeurs, de l'autre, la seconde force a pris momentanément le dessus. Et cette hypothèse n'est pas inventée pour le besoin de la cause, elle est suggérée par les données les plus certaines de la Mécanique céleste et de la Physique.

Mais, dira-t-on, ces intumescences, données comme le chapitre préliminaire de la formation d'un cirque, pourquoi ne nous les montre-t-on pas? Sans doute parce que les dômes ainsi créés manquaient de stabilité; parce que les conditions qui leur ont permis de se former ne se rencontrent plus. La croûte épaissie, le dégagement des gaz plus avancé, ne laissent plus les soulèvements se produire, pas plus dans le monde lunaire que dans le nôtre.

Il serait inexact, cependant, de dire que l'on n'aperçoit sur notre satellite aucune forme convexe régulière. Il y en a deux, entre autres, dans le voisinage d'Arago, qui sont d'une observation facile (*fig. 35*). Ces deux ampoules mesurent à peu près 40km de largeur. Que leur centre vienne à s'effondrer, et deux nouveaux cirques, de dimension moyenne, se seront formés sous nos yeux. En attendant, il semble que l'on doive regarder ces rares témoins d'un âge disparu avec un peu de cette vénération que les archéologues ressentent en face des médailles antiques.

CHAPITRE XIII.

LES FORMES POLYGONALES SUR LA LUNE.

L'astronome auquel des instruments puissants permettent de détailler quelque peu l'aspect de notre satellite est d'abord frappé du caractère étrange de ces paysages, très différents de la presque totalité des sites terrestres. Revenant à quelques jours d'intervalle sur les mêmes régions, il constate qu'elles changent profondément d'aspect suivant que les rayons solaires les frappent sous tel ou tel angle. S'il prolonge l'expérience pendant plusieurs mois, il se convaincra que ces changements ne sont qu'apparents et d'un caractère périodique. La surface de la Lune est solide et stable; elle présente un degré de fixité au moins égal à celui des régions les plus désertes et les plus arides de notre globe.

Cette circonstance favorise évidemment l'élaboration des Cartes; toutefois l'exactitude de celles-ci est limitée par deux obstacles qui n'ont pu être, jusqu'à ce jour, que très imparfaitement surmontés.

Le premier, déjà sensible pour l'astronome qui cherche à embrasser l'hémisphère visible dans un réseau géodésique, est la rareté des points de repère géométriquement définis. Ce sera en effet une heureuse exception si l'on trouve des sommets de triangles définis par une intersection de lignes. Presque toujours il faudra prendre comme points d'appui du réseau soit des centres de taches d'aspect et de limites variables, soit des points culminants accusés comme tels par le jeu des ombres. On se doute aisément que ces objets, vus à une énorme distance, comportent un degré de définition bien inférieur à celui des accidents naturels du sol terrestre, accidents dont les géodésiens ne se contentent plus, et auxquels la pratique moderne substitue d'une manière invariable des pyramides ou des cylindres artificiels. Les sommets en forme de vague ou de pyramides, constituées par la jonction d'arêtes tranchantes, sont encore relativement fréquents dans les montagnes terrestres complètement façonnées par l'érosion. Ils manquent tout à fait sur la Lune, où l'on n'observe que des masses arrondies et bosselées. Les lignes d'ombre et de contour apparent ne cessent de s'y déplacer. Aussi le désaccord des positions micrométriques d'un sommet surpasse-t-il de beaucoup celui que l'on aurait à redouter, avec la même lunette, sur des positions d'étoiles.

Une autre difficulté, qui vient aggraver la précédente, tient à ce que la Lune nous présente toujours la même face. La libration permet au regard d'atteindre, à la rigueur, les 5/8 de la surface, mais en réalité toute la zone voisine du bord n'est jamais vue que sous un angle fuyant et défavorable. L'éclairement et la perspective y varient trop peu pour que l'on puisse rectifier les apparences et arriver à une notion correcte des formes. C'est là surtout que feront défaut les points susceptibles d'être sûrement identifiés d'une image à l'autre.

C'est donc aux parties centrales du disque qu'il conviendra de s'attacher pour trouver des objets bien caractérisés, susceptibles d'être groupés en familles naturelles, pour démêler dans la profusion des détails les faits proprement scientifiques, ceux qui permettent de coordonner et de prévoir. La méthode à suivre, dans ce choix, est la même qui a valu à la Géologie, à la Géographie physique, leurs plus solides acquisitions. Et ce travail est, dans un certain sens, plus facile pour la Lune que pour la Terre. En effet, la grande distance de notre satellite nous débarrasse d'une foule de traits insignifiants et secondaires où notre attention n'aurait pu que s'égarer. Mais elle laisse d'autant mieux en évidence un certain nombre d'objets marquants, d'individualités frappantes qui se reconnaissent sans peine sous des éclairements variés et que l'on retrouve, à peine modifiés, à un grand nombre d'exemplaires. Ces objets ne sont pas simplement juxtaposés: ils entrent en lutte, ils empiètent les uns sur les autres, et beaucoup n'ont subsisté qu'à l'état de ruines. On entrevoit donc la possibilité de les faire entrer dans un classement chronologique, de dire quels caractères actuels sont associés à une antiquité plus grande, d'assigner dans la formation des individus la part des diverses influences physiques ou cosmiques, de trouver la raison de leurs différences.

Un premier essai de cette méthode a conduit les sélénographes à distinguer deux grandes classes d'objets lunaires, très inégales par le nombre, à peu près équivalentes par l'étendue totale occupée. Ce sont les mers, caractérisées par une surface unie et sombre, et les cratères, dont le trait commun est une bordure circulaire. Les cratères, infiniment plus nombreux, ont été divisés eux-mêmes en sous-groupes, entre lesquels on n'a jamais pu tracer de frontières bien nettes. Plus tard, au contraire, on s'est avisé que la première distinction était factice, que les grands cirques pouvaient aussi bien être considérés comme de petites mers, les petites mers comme de très grands cirques, et que, si plusieurs mers semblent aujourd'hui dénuées de limites précises, leur état actuel résulte, selon toute apparence, de la jonction de bassins contigus et de l'effacement des cloisons interposées.

La sélénographie a paru ainsi se condenser dans cette formule simple: tout ce qui, sur la Lune, possède une figure bien arrêtée, est circulaire. Il ne s'y trouve, en dehors des mers et des cratères réunis, si l'on veut, sous le nom de *cirques*, que des perversions ou dérivations de cette forme.

Un tel énoncé ne peut manquer, par sa netteté même, d'être suspect aux géographes, habitués à rencontrer sur le globe terrestre des formes variées, irrégulières, rebelles dans l'immense majorité des cas à toute définition géométrique. On ne voit pas pourquoi l'unité de force et de figure aurait régné sur une planète, la diversité sur l'autre. Et pourtant ce résumé, on doit le reconnaître, est justifié par la presque totalité des dessins dont notre satellite a fourni le sujet. A peu près sans exception, les auteurs ont borné leur ambition à figurer un ou plusieurs cirques et ont traité d'une façon très sommaire tout ce qui ne s'y rattachait pas directement.

La question s'est posée sous une autre forme pour les auteurs de Cartes d'ensemble, Lohrmann, Mädler et Schmidt. Il a bien fallu ici envisager le problème sous un aspect plus large. Il existe en effet, sur la Lune, des régions très montagneuses, assez étendues, où il est impossible de considérer les cirques comme l'élément constitutif du sol. Ils n'y sont représentés que par de petits exemplaires clairsemés. Ces régions (par exemple les Alpes, le Caucase, les Apennins) sont d'ordinaire soigneusement évitées par les dessinateurs libres de choisir leur cadre, et considérées comme imposant une tâche particulièrement ingrate et difficile. Beer et Mädler estiment qu'il faudrait mettre à profit toutes les occasions favorables pendant trois années pour venir à bout du seul massif des Apennins. Tous se sont résignés, en fin de compte, à une figuration sommaire, purement conventionnelle, et qui ne jette aucune lumière sur l'objet qu'elle représente. C'est que, en effet, sur ces plateaux aux bords déchiquetés, où d'innombrables excroissances se disputent l'espace, les notions habituelles sont déroutées, et tout fil conducteur fait défaut. Le procédé familier aux artistes, et qui consiste à encadrer l'objet dans des lignes volontairement simplifiées, semble ici une infidélité dangereuse et une source d'erreurs systématiques.

Nulle part l'utilité des photographies n'apparaît plus manifeste. Là où le dessinateur se perdait dans le détail, elles restituent des ensembles. Elles font rentrer un peu d'ordre dans ce chaos apparent et y introduisent des divisions naturelles. La comparaison fréquente d'épreuves relatives à des phases différentes, contrôlée de temps à autre par l'observation visuelle, fait acquérir à l'égard du sol lunaire une familiarité à laquelle les anciens observateurs, malgré tout leur zèle, ne pouvaient atteindre. On est frappé alors de l'importance prise par certains traits que les cartographes ont entièrement négligés, faute d'en saisir les véritables relations. On voit les faits antérieurs et, jusqu'à un certain point, étrangers à l'histoire des cirques, se multiplier, s'éclaircir et s'enchaîner.

De ces traits anciens, les premiers en date ont toutes les chances d'être les moins apparents: d'abord parce qu'ils ont subi à un plus haut degré l'action des causes destructrices; ensuite parce que l'écorce, encore faible et malléable, n'a pu s'écarter beaucoup d'une figure d'équilibre et constituer des différences de niveau importantes. Si donc nous tentons d'énumérer les mieux reconnaissables de ces objets, dans l'ordre où ils se présentent à la vue, on devra plutôt renverser cet ordre pour se rapprocher de la succession historique. Comme confirmation, l'on devra saisir toutes les occasions de décider, entre deux objets en conflit, lequel a usurpé la place de l'autre.

Les caractères qui président au groupement et qui étaient pour les cirques le diamètre, la profondeur et l'intégrité, seront, dans le cas d'objets rectilignes, la longueur, la largeur et l'orientation. Cette dernière particularité est la plus importante, car on ne tardera pas à reconnaître que les traits d'une même région obéissent à une loi commune et s'alignent sur un très petit nombre de directions.

Dans l'énumération qui va suivre, les numéros de renvoi, en chiffres romains, se rapportent aux feuilles de l'*Atlas photographique* publié par l'Observatoire de Paris, et de préférence aux quarante premières, pour lesquelles a paru une édition réduite, plus aisée à feuilleter, due aux soins de la Société belge d'Astronomie. Les angles de position sont, suivant l'usage, comptés en degrés et du Nord vers l'Est.

A. *Grandes cassures.*--1. Vallée à l'ouest d'Herschel (III, IX, XXVI, XXXIII). Large, profonde, très bien conservée et probablement récente, elle dessine une tangente commune à deux cirques, dont le plus méridional (Herschel *h*) a été nettement sectionné. Prolongée du même côté, cette vallée formerait la limite ouest de Ptolémée (*fig. 43*).

2. Sillon limitant Albategnius à l'Ouest, Halley à l'Est et dessinant, par suite, une tangente commune intérieure aux deux contours. Cette vallée parallèle à la précédente, plus longue mais moins creuse, a été refoulée et interrompue par le développement de Halley (III).

3. Deux entailles parallèles, éloignées d'une trentaine de kilomètres, franchissant la bordure d'Hipparque à l'Ouest et s'effaçant dans la plaine intérieure (IV, XXVI).

4. Vallée traversant de part en part un massif montagneux, entre Pallas et Ukert (X, XXXIII).

5. Vallée tangente à Godin au Sud-Est (XXII, XXVI).

6. Vallée tangente à Jules César au Nord-Ouest (XXII, XXXII).

Tous ces objets ont à fort peu près l'angle de position 40°, qui est aussi celui des parties orientales dans les fissures coudées d'Ariadæus et d'Hyginus. Tous ressemblent à la vallée d'Herschel (n° 1), sans toutefois la dépasser en profondeur et en netteté. Ils côtoient chacun un ou plusieurs cirques, sans les entamer et sans être refoulés par eux.

En nous éloignant un peu du centre de la Lune, nous trouverons d'autres cassures se rattachant à la même catégorie:

7. Mur Droit, entre Thebit et Birt. Cassure extrêmement nette, probablement moderne, divisant en deux parties égales une grande arène submergée. Angle de position 20° (XIV) (*fig. 44*).

8. Rainure parallèle au Mur Droit, tangente aux bords ouest de Pitatus et de Gauricus. Elle est discontinue et obstruée par plusieurs éruptions subséquentes. La même orientation se retrouve dans de nombreux traits de la même région, rejetés, à cause de leur caractère moins apparent, dans la classe suivante (XIV).

9. Longue cassure dirigée de Fabricius vers le Nord (XXIV, XXXI).

10. Rainure discontinue sur la ligne Janssen A-Piccolomini (XXIV).

11. Sillon courant vers le Sud à partir de Fermat (XXV, XXXI).

Ces trois derniers traits, peu cohérents et médiocrement conservés, s'accusent surtout par des différences de niveau. Leur angle de position est voisin de 20°, plutôt au-dessous.

12. Monts Altaï: cette grande dénivellation, remarquable par sa longueur et sa continuité, fait partie de l'encadrement de la mer du Nectar. Elle présente deux fronts rectilignes très étendus, soudés aux environs de Fermat, avec des angles de position de 20° et de 45° (XXV, XXXI).

13. Sillon traversant de part en part le bourrelet de Capella, avec un angle de position de 45°. Il appartient, comme les monts Altaï, à l'encadrement de la mer du Nectar (XXXI) (*fig. 33*).

14. Vallée de Rheita, la plus colossale que l'on puisse apercevoir sur la Lune. Elle est dans un mauvais état de conservation, refoulée et obstruée par le développement ultérieur de plusieurs cirques. Le parallélisme des bords, l'existence de digues transversales obliques, accusent une formation par arrachement, avec élargissement progressif. Angle de position 45° (XII, XXIV, XXXI).

15. Vallée des Alpes, exemple éclatant et bien connu de la disjonction d'un plateau montagneux sur une épaisseur de 3000m environ avec conservation du niveau et du parallélisme des bords. Bien qu'elle n'entame aucun cirque, son intégrité doit la faire considérer comme moderne. Son angle de position (130°) est, comme celui de la vallée de Rheita, répété à bien des reprises dans la région (*fig. 37*).

B. *Digues, crevasses, sillons rectilignes.*--Les objets de cette seconde liste, moins visibles que ceux de la précédente, rentrent comme eux dans un petit nombre d'orientations distinctes. Refoulés ou obstrués à peu d'exceptions près, par les cirques qu'ils rencontrent, ils se rattachent d'une façon plus évidente à un état de choses disparu. Leur nombre est considérable. Nous signalerons seulement ceux qui se distinguent par la longueur et le caractère strictement rectiligne de leur trajet.

1. Sillons orientés respectivement sur les centres de Ptolémée et de Albategnius A, et s'étendant à l'extérieur vers le Sud. (III) (*fig. 43*).

2. Nombreuses stries du plateau situé entre Herschel, Davy et Moesting. Plusieurs entament d'une façon très visible les remparts d'Alphonse et de Ptolémée (III, IX, XXXIII).

3. Crête des monts Hæmus, entre Taquet et Sulpicius Gallus (XXXII).

4. Sillon parallèle aux monts Altaï, traversant la plaine à égale distance des monts Altaï et de Polybe (XXV).

Tous ces traits (nos 1 à 4) sont parallèles à la vallée d'Herschel et, par suite, aux premiers objets de la liste précédente.

5. Parties centrales des fissures d'Ariadæus et d'Hyginus: angle de position 75° (IV, X, XXII). Ce sont deux exemples remarquables d'indépendance totale entre le tracé d'une fissure et le relief actuel du sol.

6. Crevasses situées entre Archimède et Conon, perpendiculaires à la direction générale des Apennins et coudées suivant les mêmes orientations que la fissure d'Hyginus (X).

7. Double fissure près de Sabine, côtoyant la base du rempart montagneux. Elle est très nette et paraît due à la reviviscence tardive d'une ancienne tendance à l'arrachement. Angle de position 80° (XXII).

8. Double fissure encadrant Hésiode et formée comme la précédente de deux traits parallèles. L'un de ces traits se prolonge à une grande distance vers l'Est à travers des massifs montagneux, sans

cesser d'être visible à la traversée des plaines. Angle de position 120° (XIV, XIX).

9. Vallée située en plaine entre Kies et Kies *d*. Faiblement déprimée, elle est parallèle à la fissure d'Hésiode, à de nombreuses digues de la région de Tycho, aux portions nord-est des remparts de Ptolémée, d'Alphonse, d'Albategnius (XIV).

10. Digues rectilignes s'appuyant sur la partie est du rempart de Capuanus et constituant les restes d'un massif plus ancien que le cirque. Angle de position 40° (VIII).

11. Stries nombreuses sur le plateau entre Vitello et Hainzel. Angle de position 30° (VIII).

12. Quatre sillons parallèles à la vallée de Rheita, deux au Nord et deux au Sud, très étendus aussi, mais beaucoup moins bien conservés. Angle de position 45° (XII).

13. Grande vallée irrégulière, parallèle aussi à celle de Rheita, presque aussi large, mais fortement dégradée et discontinue. Elle est visible de part et d'autre de Snellius et s'interrompt sur l'emplacement de ce cirque (XII).

14. Région striée ou cannelée, entre Pons, Zagut, Gemma Frisius et Pontanus. Deux systèmes bien reconnaissables, formant un angle de 70°, y sont associés (XX).

15. Ride saillante réunissant Santbech et Colombo (XXXVIII).

16. Très longue digue en relief de part et d'autre de Borda; elle forme, avec le trait précédent, avec la crevasse médiane de Petavius, avec la chaîne de cirques Rheita *e*, un système conjugué de la vallée de Rheita. Angle de position 130° (XII).

17. Sillon visible sur le méridien de Descartes, du côté sud, et signalé surtout par des places blanchies (XXVI).

18. Terrasses de Lemonnier et de Pline, sous-tendant des arcs dans le périmètre de la mer de la Sérénité. Elles paraissent être les restes d'une enceinte polygonale dont la mer aura, dans son mouvement d'expansion, franchi les limites (XXVII).

19. Terrasse allant de Théophile à Beaumont, détachant un segment en forme d'arc dans la mer du Nectar et de tout point analogue aux précédentes (XXVII, XXXII).

20. *Straight Range.*--Digue isolée, perpendiculaire au méridien, reste d'une ancienne frontière de la mer des Pluies (XI, LIII).

21. Sillons nombreux sur le plateau qui s'étend entre Bianchini et La Condamine. Angle de position 160°. L'accroissement de l'angle de position est sensible quand on se déplace de l'Ouest à l'Est dans la bordure de la mer des Pluies (XI).

22. Double série d'arêtes rectilignes formant l'ossature de l'écorce dans le voisinage du pôle Nord. Le plus apparent des deux systèmes est peu incliné sur le méridien (XXXVII, LII, LIII).

C. *Alignements d'orifices.*--Il est connu depuis longtemps que la distribution des grandes enceintes à la surface de la Lune n'est pas arbitraire, qu'elle ne manifeste pas de condensation vers un plan comme la Voie lactée, ni d'accumulation autour de quelques centres, comme l'ensemble des nébuleuses. La disposition des grands cirques, toutes les fois qu'elle affecte une apparence systématique, est linéaire. Beaucoup d'entre eux se disposent en séries à peu près continues et dont l'unité d'origine est aussi certaine que celles des grandes arêtes du relief terrestre. Les individus d'un même groupe accusent une analogie de dimensions et de structure poussée parfois à un tel degré que de simples associations par paires ne semblent pas pouvoir être fortuites, d'autant moins que l'orientation de la ligne des centres se retrouve presque toujours dans des sillons rectilignes de la même région.

La liaison est moins aisée à mettre en évidence pour les petits orifices, en raison même de leur grand nombre. Dans les parages où ils fourmillent, on peut les associer en chaînes de diverses manières, dont aucune ne s'impose à l'exclusion des autres. Mais certaines mers où les orifices n'apparaissent qu'en petit nombre présentent des alignements d'une extrême netteté et qui doivent, à ce titre, fixer l'attention.

Il suffira, entre beaucoup d'exemples, de citer les suivants:

1. *Walter, Regiomontanus, Purbach* (I).--Série de grands cirques contigus, polygonaux, dégradés, offrant chacun de fortes différences de niveau. L'angle de position de la ligne des centres est 35°, ce qui rattache ce groupe à la vallée d'Herschel et, plus généralement, aux objets désignés en premier lieu dans les deux listes précédentes.

2. *Aliacensis, Werner, Blanchinus, Lacaille.*--Série parallèle et juxtaposée à la précédente, montrant dans ses deux derniers termes des formes plus régulièrement circulaires et mieux conservées (II).

3. *Blancanus, Scheiner, Röst, Schiller.*--L'angle de position de cette chaîne est 50°. Des digues latérales ont entravé le développement normal de tous ces cirques, surtout du dernier dont l'allongement est exceptionnel (XVIII).

4. *Wilson, Kircher, Bettinus, Zuchius* (XXX).--Également encaissés entre deux digues parallèles. Angle de position 45°.

5. Manifestations éruptives variées sur une tangente commune intérieure aux contours d'Almanon el d'Albufeda. Angle de position 50° (XX, XXV, XXVI) (*fig. 45*).

6. *Arzachel, Alphonse, Ptolémée, Herschel.*--Ligne des centres sensiblement parallèle au méridien. Comme il arrive dans la plupart des séries de l'hémisphère Sud, le cirque le plus austral est en même temps le plus régulier et le plus profond (III, IX) (*fig. 43*).

7. *Theon junior, Theon senior, de Morgan, Cayley, Jules César* (XXII).--Série suivant le méridien, discontinue, mais complétée par plusieurs orifices anonymes. Elle embrasse un espace plus grand que les précédentes, avec la même progression.

8. *Furnerius, Petavius, Vendelinus, Langrenus.*--Ensemble de cirques énormes et de puissant relief, sur un même méridien (XXI).

9. Cinq petits orifices disposés sur un méridien, dans la partie nord-est de la mer de la Sérénité (V, XXIII).

10. Ligne blanchie, discontinue, allant de Licetus à Aliacensis, en contournant Stöfler à l'Est (XXXVII).

11. Autre ligne blanchie, discontinue, allant de Bacon à Pons, en contournant Büsching à l'Ouest. Cette ligne, comme les cinq précédentes, s'écarte peu d'un méridien. Elle est remarquable par son extraordinaire longueur. Il semble que la formation du cirque

Büsching a refoulé quelque peu l'alignement éruptif sans lui faire perdre son caractère (XXXVII).

12. Nombreux orifices le long d'une tangente commune aux bords orientaux de Lexell et de Regiomontanus (XIV).

13. Alignement sur une tangente commune aux limites orientales de Hell et de Pitatus. Ce trait et le précédent sont voisins et parallèles. Angle de position 140° (XIV).

14. *Rheita e.*--Fosse allongée formée par jonction d'orifices (XXXI). L'angle de position (150°) s'est déjà rencontré souvent dans les cassures de la même région. Il y est aussi représenté par plusieurs couples de grands cirques voisins et semblables, comme Snellius et Stevinus, Metius et Fabricius.

D. *Enceintes quadrangulaires sans rupture, à rebord saillant.*--Une collection d'objets particulièrement intéressants au point de vue qui nous occupe se rencontre dans le voisinage du pôle Nord. Les cirques y sont assez rares et sont remplacés par des plaines que divisent et encadrent de minces cordons saillants. Toutes ces plaines paraissent être au même niveau et constituer la surface moyenne de la planète. Ce sont les cordons qui semblent surajoutés, de manière à diviser, suivant un plan géométrique, cette étendue uniforme. Cette structure est aujourd'hui limitée à la région arctique. On trouve cependant, sur la rive sud de la mer du Froid ou dans le quadrant sud-ouest quelques objets qui semblent, comme Egede (V), des survivants ou des précurseurs du même type.

Les murs de séparation sont assez endommagés, souvent doubles et coupés de brèches. Mais deux directions y dominent toujours, en sorte que les plaines encadrées se rapprochent plus du losange que du cercle. Les déformations considérables amenées dans cette région par la perspective font qu'il est malaisé de préciser les déviations par rapport au losange ou d'évaluer les angles de position. Nous citerons comme particulièrement bien dessinés les objets suivants:

1. J. Herschel (XI, LIII).--2. Goldschmidt (XXIII).--3. Gärtner (XXVIII, XXXV).--4. Kane (XXXV).--5. Arnold (XXXV).--6. Peters

(XXXV).--7. Méton (XXXV, LII).--8. Euctemon (XXXV).--9. W.-C. Bond (XIII, XXIII).

Le dernier exemple est instructif en ce qu'il nous conduit à envisager les enceintes quadrangulaires comme des formes préliminaires de cirques, frappées d'arrêt dans leur développement. Les orientations de W.-C. Bond concordent avec celles d'Egede, avec les directions qui dominent dans les Alpes, y compris la grande vallée, avec les sillons qui constituent des cadres autour d'Eudoxe et de Platon. En comparant W.-C. Bond et Eudoxe (V, XIII, XXV), on se convaincra bientôt que l'enceinte quadrangulaire qui constitue le premier est l'analogue du cadre d'Eudoxe et non du cirque lui-même, en sorte que nous avons dans la région arctique de nombreux emplacements préparés pour des cirques futurs, mais pour la plupart demeurés vides. Là où le cirque s'est développé, il est quelquefois demeuré en deçà des limites qui lui étaient tracées. Mais, le plus souvent, il les a remplies et dépassées, au point d'effacer et de rendre méconnaissable le losange primitif.

A notre avis, l'absence de liaison apparente entre les cordons saillants et les plaines qu'ils entourent n'autorise pas à regarder les cordons comme étant d'importation étrangère. Il est beaucoup plus probable que chacun d'eux est le produit du sol qui le porte et qu'il s'est trouvé mis en relief par suite de l'affaissement du centre de la case. C'est à la submersion des parties centrales affaissées qu'est dû l'isolement des cordons par rapport aux plaines adjacentes, de même que celui des montagnes intérieures par rapport aux bourrelets des cirques.

E. *Tangentes aux remparts.*--Nous avons groupé ici quelques objets qui auraient pu figurer dans nos trois premières listes à cause de la situation spéciale qu'ils occupent par rapport aux cirques. Des traits rectilignes tangents aux remparts actuels s'accusent soit comme arêtes en relief, soit comme rainures, soit comme traînées blanches avec des recrudescences locales. Ces mêmes traits se distribuent, dans chaque région, entre des orientations peu nombreuses, et cette condition, incompatible en apparence avec la situation de tangente commune à plusieurs enceintes, lui est au contraire souvent associée. Il est commun de voir le contact s'effectuer non par un seul point, mais sur une étendue plus ou moins grande. En pareil cas, c'est le cercle qui est déformé et non le trait rectiligne. La déformation est soustractive, c'est-à-dire que le contour circulaire, sans montrer de tendance à rejoindre les traits dont il s'approche, est entamé par ceux qu'il rencontre et entravé dans son développement normal. Les cirques alignés admettent volontiers des tangentes communes orientées comme la ligne qui joint leurs centres.

On pourra se reporter, pour avoir la confirmation de ces remarques, aux objets suivants énumérés à peu près dans l'ordre où croissent leurs angles de position:

1. Sillon touchant les bords occidentaux de Purbach, Regiomontanus, Walter (I).

2. Traits limitant Alphonse respectivement à l'Est et à l'Ouest. Ces deux traits sont parallèles au précédent et à la veine médiane du cirque (III, XXIII) (*fig. 43*).

3. Digue saillante formant tangente commune intérieure à Heinsius et à Wurzelbauer (XIV, XIX).

4. Sillon formant tangente commune intérieure à Clavius et à Maginus (XVII). Ce trait s'écarte peu, comme les trois précédents, de l'angle de position 35°.

5. Tangente commune aux remparts est de Maginus, Street et Tycho (VII) (*fig. 47*).

6. Sillon profond sur le trajet d'une tangente commune intérieure aux remparts d'Albategnius et de Halley (III, XXVI).

7. Longue coupure isolant le rempart d'Archimède du massif montagneux situé plus au Sud (XXXIV).

8. Sillon dessinant une tangente commune intérieure à Aristillus et Autolycus (V, X, XXXIV).

9. Vague saillante, à crête blanchie, suivant une tangente commune intérieure à Kane et à Démocrite et se prolongeant au delà de celui-ci (XXVIII).

Pour les objets énumérés de 5 à 9, l'angle de position se tient aux environs de 40°.

10. Sillon limitant à la fois les remparts ouest de Clavius et de Longomontanus (VII) (*fig. 47*).

11. Digue tangente au rempart est de Capuanus (VIII).

12. Bord de plateau tangent au rempart ouest de Campanus (VIII).

13. Digue touchant les bords méridionaux de Tycho et de Heinsius. Elle se prolonge au delà de Heinsius, dont elle a entravé l'expansion normale (XVIII).

14. Ligne tangente à Albategnius et à Ptolémée, du côté nord, et à Herschel du côté sud (III, XXVI). Elle est signalée par un chapelet d'orifices. L'angle de position, qui se tenait, pour les quatre objets précédents, entre 45° et 50°, passe ici à 70° (*fig. 43*).

15. Grande cassure limitant Delambre au Nord-Ouest (XXII).

16. Sillon formant tangente commune au Nord aux remparts de Delambre et d'Hypatie.

Ces deux derniers traits, voisins de la fissure déjà citée de Sabine, ont comme elle pour angle de position 70°.

17. Arête blanchie formant tangente commune aux côtés nord de Démocrite, Thalès, Strabon. Cette arête a contrarié le développement normal de Démocrite. Angle de position 90°.

18. Digues encadrant, au Nord et au Sud, le bourrelet de Tycho. Angle de position 130° (VII).

19. Crête formant tangente commune à Hipparque, Albategnius, Ptolémée. Angle de position 130° (IV, XXIII) (*fig. 43*).

20. Sillon tangent au bord ouest de Barocius et entamant Clairaut. Angle de position 140° (XVII).

21. Sillon tangent au bord ouest de Maurolycus et entamant Barocius. Angle de position 140° (XVII).

22. Chaîne formant tangente commune intérieure à Borda et à Cook (XXI).

23. Chaîne dessinant une tangente commune intérieure à Santbech et à Colombo (XXI, XXVII).

24. Prolongement du bord oriental de Stevinus (XII). L'angle de position de ce trait, comme des deux précédents, est de 160°.

25. Digue touchant les limites ouest de Vendelinus C et de Langrenus et dépassant, au Nord comme au Sud, les limites indiquées (XXI, XXXVIII).

26. Deux digues parallèles encadrant Messala et se prolongeant au Nord (XXIX).

27. Chaîne tangente au bord ouest de Gassendi (XXX) (*fig. 50*).

28. Tangente commune aux remparts ouest d'Arzachel et d'Alphonse (III, IX). Ce trait, comme les trois précédents, suit le méridien (*fig. 43*).

29. Chaîne prolongeant le bord oriental de Furnerius (XII). Angle de position 10°.

30. Chaîne prolongeant le bord oriental de Véga (XII). Angle de position 10°.

Un catalogue plus complet ferait ressortir, dans la série des angles de position, des lacunes bien marquées, dont la plus étendue paraît tomber entre 90° et 130°.

F. *Cirques anguleux.*--La présence de digues ou de sillons tangents aux remparts des cirques amène dans le contour de ceux-ci des déformations systématiques, visibles surtout au voisinage du terminateur. Ces déformations affectent peu les cirques petits et modernes, beaucoup plus les enceintes vastes, hétérogènes et jouant un rôle passif en cas de conflit.

Dans une région où un seul système de traits parallèles prédomine nettement, les bourrelets circulaires sont simplement tronqués par suppression d'un segment et s'arrêtent à la rencontre des traits, presque toujours constitués par des digues saillantes. Nous mentionnerons, comme exemples de cette structure, Heinsius (VII), Lacaille et Faye (XX), la plupart des cirques de l'entourage de Tycho (XVIII) (*fig. 47*), de nombreux orifices entre Licetus et Maginus (XVII). Les digues limites, dans ce dernier cas, sont parallèles à la ligne des centres de Licetus et de Clavius.

Lorsque deux systèmes associés prennent une importance à peu près égale, on observe des formes de passage du cercle au parallélogramme et, parmi les parallélogrammes, le losange domine, comme si les bandes intéressées par une intumescence devaient offrir, dans les deux systèmes, des largeurs égales.

Quand deux cirques voisins sont limités à un même trait, il y a souvent égalité approximative dans les dimensions, dans les distances des centres à la limite commune, et par suite aussi, dans les angles. Mais il n'est pas rare que la similitude soit réalisée avec des dimensions très différentes.

On pourra noter, comme losanges bien formés, Egede (V), Gruemberger (XVIII); comme distinctement quadrangulaires: la grande enceinte comprenant Hell et Lexell (I), Pontanus (II, XXV), Cléomède (XXIX); comme pentagonale, l'enceinte située à l'est de Burg et formant la partie la plus déprimée du lac de la Mort (XXVIII); comme hexagonaux: Ptolémée, Alphonse (III, XXIII), Albategnius (III, IV, XXIII), Rhætius (IV), Janssen (XXIV) (*fig. 39*), la mer des Crises (XXI, XXVII, XLI) (*fig. 32*); comme exemples de similitude: Aristote, Egede (V, XIII), Cyrille, Tacite (XXV, XXXI), Ptolémée, Réaumur, Alphonse (XXXIII), Eudoxe, Theætetus (XIII), le groupe Walter, Aliacensis, Regiomontanus, Purbach, Nonius, Blanchinus (I, II, XXV). Il y a, dans ces six derniers cirques, accord général pour l'orientation des côtés rectilignes.

On trouve enfin des cirques irrégulièrement anguleux, où se reconnaît la réalisation successive de deux plans différents. La nouvelle enceinte, orientée autrement que l'ancienne, s'est à peu près superposée à celle-ci, dont une partie notable a été respectée. De ce nombre sont Gauricus, Tycho, Maginus (VII), Clavius (VII, XVIII) (*fig. 47*), Campanus (VIII), Calippus (XIII), plusieurs formations anonymes entre Godin et Hind (IV), des bourrelets de faible relief englobés dans Atlas, Hercule, Endymion, Posidonius, Aristote, Eudoxe (XXXV), Gassendi (XL) (*fig. 50, 51*).

G. *Cirques encadrés.*--Les digues et sillons rectilignes d'une même région peuvent être associés de diverses manières pour former des polygones convexes. Certaines de ces associations semblent particulièrement voulues et soulignées par la nature. Ce cas se présente quand le polygone circonscrit à peu de distance un effondrement nettement limité. L'excavation s'étend par une série de ruptures dont les gradins intérieurs des cirques sont les témoins.

Quand les sillons qui entourent un cirque se rattachent à deux systèmes équidistants et forment par suite des losanges, le contour du cirque arrive à toucher en même temps les quatre côtés du losange. Mais, quand l'équidistance n'a plus lieu, l'inscription d'un cercle dans le quadrilatère cesse d'être possible. La cassure s'arrête aux premiers côtés qu'elle rencontre, tend à se développer vers les autres, et la régularité du contour est altérée.

Enfin la rencontre du dernier côté n'impose pas nécessairement un arrêt au développement du cirque. Celui-ci peut s'étendre encore et excéder son cadre. Il est instructif de remarquer, en pareil cas, que le sillon dépassé peut demeurer visible à l'intérieur du cirque aussi bien qu'au dehors, au delà des intersections avec les sillons conjugués. Cette circonstance montre que l'expansion du cirque s'est accomplie avec une certaine lenteur, sans entraîner la destruction complète du relief préexistant. Il n'est donc pas admissible que l'excavation, dans ses limites actuelles, corresponde à une empreinte de projectile ou à une portion d'écorce ramenée à l'état de fusion.

Il arrive assez souvent que, dans son état d'extension actuelle, le cirque n'atteint aucune des limites du cadre, mais la relation des deux formes est manifestée par la coïncidence approchée de leurs centres. Le périmètre du cirque est toujours défini par l'affaissement de l'intérieur, celui du cadre l'est le plus souvent par un léger excès d'altitude relativement aux plateaux voisins. Presque toujours le cirque a des limites mieux arrêtées que le socle qui le porte, et celui-ci a plus ou moins perdu sa forme quadrangulaire par suite de l'usure et de la démolition des angles. Cet état de ruine peut aller jusqu'à ne laisser en relief que le bourrelet circulaire. Mais, chaque fois que les frontières du socle sont restées visibles, elles coïncident en direction avec des parties rectilignes du contour des mers ou des cirques voisins. Le socle apparaît ainsi comme le précurseur du cirque et comme subordonné plus étroitement que lui à la structure générale de la région.

On peut prendre comme exemples de bassins ayant respecté leurs cadres les objets suivants:

Aliacensis, Werner (II), W.-C. Bond (XXIII), Riccius (XXV), Eudoxe (V, XIII, XXXV), Petavius (XII, XXI, XXXVIII) (*fig. 41*).

D'autres appellent des remarques particulières. Ainsi, pour Albategnius (III, IV) et Arzachel (III), les côtés des cadres sont parallèles. Sacro Bosco, Pons et Fermat (XXV) sont englobés dans une même enceinte quadrangulaire dont un côté forme la ligne de faîte des monts Altaï. Pour Tycho (VII), le cadre embrasse un espace beaucoup plus étendu que le bourrelet et limité par des digues saillantes. Tout l'espace intermédiaire a éprouvé un affaissement relatif. Maginus (XVII) est confiné dans un angle du cadre, dont les côtés les plus apparents sont parallèles à la ligne Licetus-Clavius. Il le remplit au Sud et à l'Est, mais laisse un espace libre au Nord et à l'Ouest. Les mers du Nectar (XXVII) (*fig. 33*) et de la Fécondité (XXXVIII) sont comprises dans de vastes losanges. La bordure montagneuse de la mer des Crises (XXI, XXVIII, XXIX) (*fig. 32*) est sectionnée par des sillons rectilignes, parallèles aux limites de la plaine. Aristarque (*fig. 48*) s'appuie à l'Est sur un grand parallélogramme, distingué de la mer par une teinte plus sombre.

Voici maintenant quelques exemples de cirques qui ont dépassé un ou plusieurs côtés de leurs cadres primitifs sans les faire entièrement disparaître:

1. Clavius (VII). On distingue très bien des digues parallèles, mais discordantes, qui ont successivement servi de limites (*fig. 47*).

2. Pitatus et Wurzelbauer (XIV, XIX).

3. Scheiner (XVIII). Le cirque est inscrit dans un losange qu'il ne remplit pas du côté de l'Est. Il est, au contraire, traversé, dans sa partie ouest, par un sillon qui complète l'encadrement.

4. Delaunay (XX) est compris dans un losange qui a fortement entravé son développement régulier, tout en déformant aussi les enceintes voisines de Lacaille et de Faye.

5. Platon (XXXIV). Le cirque s'est développé avec une régularité parfaite, tout en excédant son cadre au Nord et à l'Ouest (*fig. 40*).

Enfin, la survivance d'un socle quadrangulaire légèrement saillant se vérifie autour de Copernic (IX) (*fig. 38*), Taruntius (XXI),

Apianus (XXV), Delambre (XXVI, XXXII), Alfraganus (XXVI), Théophile (XXVII) (*fig. 31*), Pline (XXXII).

H. *Massifs partagés en cases.*--Une portion d'écorce lunaire, distinguée de la région environnante par une altitude un peu supérieure et limitée par des lignes de relief parallèles, n'est pas toujours le lieu d'élection d'un cirque développé autour du même centre. Il peut se faire que la case ainsi définie renferme deux ou plusieurs cirques d'importance à peu près égale ou qu'il ne s'y montre aucun cirque réellement notable. Les massifs montagneux les mieux dessinés de la Lune, qui sont des régions pauvres en cirques, sont ainsi divisés en compartiments et, pour chacun de ces compartiments, le centre présente, relativement aux bords, une dépression faible, sans limites précises.

Nous citerons comme témoins de cette structure, presque toujours mal conservée et remontant, par suite, à une période ancienne, les objets suivants:

1. Bloc formant à Théophile et à Cyrille un socle quadrangulaire commun (XXXII).

2. Massif quadrangulaire comprenant Alfraganus et Taylor (XXXII).

3. Plateau renfermant Agrippa, Godin, Rhæticus (IV).

4. Groupe terminal des Apennins vers le Nord (V, X, XXII) (*fig. 36*).

5. Massif étendu terminant les Apennins vers le Sud (XXXIV).

6. Bloc central des Apennins, à peu près rectangulaire, montrant bien la supériorité d'altitude des bords par rapport au centre (XXIII, XXXIV) (*fig. 36*).

7. Massif principal des Alpes, entre Cassini et la grande vallée (V, XIII, XXIII) (*fig. 37*).

8. Bloc situé entre Ramsden et Hippalus (VIII) (*fig. 49*).

9. Plateau rectangulaire situé entre Jules César et Ménélas (XXII).

10. Plateau de Censorinus, entre les mers de la Tranquillité et de la Fécondité (XXVII, XXXII).

11. Massif de Vitruve, possédant un périmètre quadrangulaire ébréché au Sud (XXVII).

12. Pâté montagneux en losange, entre Campanus et Vitello (XL).

13. Grand plateau en losange, englobant Eudoxe et son socle (XXXV).

Les objets que nous venons d'énumérer sont tous assez éloignés des bords du disque. En effet, les limites des compartiments sont, en raison de leur faible relief et de leur état de dégradation, difficiles à reconnaître sous une incidence rasante. Néanmoins, une fois l'attention attirée sur ce point, on se convaincra bientôt que le centre du disque n'est nullement privilégié sous ce rapport.

CHAPITRE XIV.

TÉMOIGNAGE APPORTÉ PAR LA LUNE DANS LE PROBLÈME DE L'ÉVOLUTION DES PLANÈTES.

Les lois du réseau rectiligne.--L'inspection qui vient d'être faite confirme une règle, *a priori* vraisemblable, et à laquelle conduit aussi tout essai de classification des cirques: la physionomie des orifices lunaires est subordonnée à la constitution de l'écorce aux dépens de laquelle ils ont été formés, et celle-ci s'est modifiée avec le temps dans le sens d'un accroissement progressif d'épaisseur et de résistance.

Les orifices régulièrement circulaires, aux flancs raides, très creux en proportion de leur diamètre, sont formés aux dépens d'une croûte épaisse. Ils sont modernes et en général bien conservés.

Les bassins polygonaux, comportant des inclinaisons plus douces, accusent des différences de niveau plus faibles, en rapport avec la moindre épaisseur des fragments solides mis en jeu. Ils sont anciens, attaqués par diverses causes de ruine, et notamment par la superfétation de cirques plus récents.

L'examen des sillons et des blocs montagneux nous met en présence d'une période plus reculée encore, celle où les mouvements du sol lunaire, dans le sens vertical, portaient à la fois sur des compartiments bien plus étendus que les cirques et même que les mers actuelles. Les limites de ces fragments avaient des courbures comparables à celles du globe lunaire lui-même, et nous pouvons, au point de vue de leur influence sur les formations ultérieures, considérer ces limites comme rectilignes. C'est ainsi, pour prendre un exemple familier aux géographes, que les Cartes des courants généraux de l'atmosphère et de l'Océan présentent un dessin bien plus ample, bien plus largement tracé que le relief des continents.

Les faits rassemblés dans le Chapitre précédent nous semblent assez nombreux, assez concordants pour autoriser les conclusions suivantes:

La croûte solide de la Lune, à l'époque la plus ancienne où nous puissions remonter, a été constituée, dans toutes ses parties, par un assemblage de cases polygonales juxtaposées et imparfaitement soudées.

Ces cases ont pour forme élémentaire le losange. Leur constitution tient à l'existence simultanée, dans une même région de la Lune, de deux systèmes principaux de sillons ou de rides. Les sillons d'un même système sont à peu près parallèles et équidistants.

La troncature des angles aigus des losanges fait apparaître assez souvent des hexagones, plus rarement des pentagones. Ce phénomène révèle la superposition, aux deux systèmes principaux de sillons parallèles, d'un troisième système sensiblement incliné sur les deux premiers.

Dans les deux systèmes principaux d'une même région, l'équidistance des rides est à peu près la même, en sorte que le rapport des dimensions linéaires d'une même case tombe généralement aux environs des nombres 1, 2 ou 1/2.

L'angle aigu des deux systèmes principaux d'une même région surpasse presque toujours 60°, si l'on tient compte de la déformation par la perspective, et peut approcher de 90°.

L'orientation des deux systèmes principaux, par rapport au méridien, varie lentement avec la longitude. Dans la partie centrale du disque, les deux systèmes sont notablement inclinés sur le méridien. Près des bords, l'un des deux systèmes tend à devenir parallèle au méridien.

La frontière commune de deux cases adjacentes constitue, dans la majorité des cas, une digue en relief. Il arrive aussi, moins fréquemment, que cette frontière est formée par une rainure discontinue; elle peut enfin être simplement une ligne faible de l'écorce, sur laquelle la présence de traînées blanches et de petits orifices réguliers trahit des manifestations éruptives.

Deux cases adjacentes ont pu éprouver, l'une par rapport à l'autre, un certain jeu horizontal, amenant une discordance entre les diverses parties d'un même sillon. Ce jeu s'effectue par arrachement plutôt que par plissement, par traction plutôt que par poussée. Il est rare qu'une différence de niveau notable se soit établie entre une case et l'ensemble de ses voisines.

La formation du réseau, dans son ensemble, remonte à une époque où la Lune n'avait qu'une mince écorce solide, en sorte qu'il ne pouvait s'y créer de différences d'altitude importantes.

Le réseau rectiligne ne subsiste nulle part dans son état initial; les principales circonstances qui ont amené sa disparition ou son effacement partiel dans la croûte épaissie paraissent être:

1° Des mouvements tangentiels importants, affectant à la fois un grand nombre de compartiments soudés et déterminant des ruptures suivant des lignes irrégulières, en discordance avec celles du réseau primitif;

2° Une période volcanique très longue et très générale, amenant des alternatives d'intumescence et d'affaissement dans l'étendue d'une même case ou de plusieurs cases adjacentes, et aboutissant au sectionnement de l'écorce suivant des cercles de faible rayon;

3° L'envahissement par des nappes liquides de vastes régions affaissées.

Influence du réseau rectiligne sur les formations plus récentes.--Tout en succombant dans cette lutte, bien des fois séculaire, le réseau rectiligne a laissé des vestiges si nombreux et si clairement coordonnés, que nous sommes autorisés à conclure à son universalité dans un passé lointain. Il a exercé une influence passive, mais encore reconnaissable sur la structure et la délimitation des masses montagneuses, sur l'alignement, la distribution et le contour des cirques, sur la forme même des mers. Il s'en est produit des rééditions affaiblies sur divers points où l'épanchement de grandes masses liquides avait reconstitué momentanément, sur une échelle moindre, des conditions analogues à celles de la planète fluide.

Dans les régions où la multiplication excessive des orifices modernes a fait disparaître les sillons primitifs, ceux-ci manifestent leur existence ancienne par des chaînes de cirques orientées suivant certaines directions préférées. On conçoit, en effet, que le sectionnement préalable de l'écorce en bandes offrira, sur certaines lignes, une issue plus facile aux forces intérieures. Il en résultera que des bassins à peu près contemporains et de même dimension se présenteront par séries. Veut-on, au contraire, faire déterminer l'emplacement des cirques par des chocs d'origine externe, une telle distribution apparaît comme dénuée de toute probabilité.

Les cases contiguës sont séparées, soit par des sillons en creux, soit par des digues en relief. Le premier mode de division domine dans les massifs montagneux de la région équatoriale, le second dans la région arctique. L'un et l'autre apparaissent comme passifs vis-à-vis des mers ou des cirques, mais c'est la forme saillante qui a opposé l'obstacle le plus efficace à l'expansion des bassins circulaires. Quand cette expansion l'emporte, la partie englobée du sillon rectiligne n'est pas fatalement condamnée à disparaître. Elle s'affaisse plus ou moins à l'intérieur du cirque et forme palier intermédiaire entre la plaine intérieure et le plateau. Les mêmes orientations, en très petit nombre, se retrouvent dans le contour polygonal du cirque, dans ses terrasses intérieures, dans les sillons qui l'encadrent à distance. Ce ne serait pas le cas si, comme l'a pensé le professeur Suess, le cirque entier représentait une portion de croûte ramenée à l'état liquide par un flux de chaleur interne.

L'indépendance de la plupart des sillons par rapport au relief des régions traversées, le plan large et régulier qui préside à leurs directions, montrent qu'ils sont le produit de causes anciennes et profondes. Il en est de même des grandes fissures tracées en plaine, comme celles d'Ariadæus, d'Hyginus, de Triesnecker. Elles présentent des portions rectilignes et parallèles, séparées par des coudes très nets. Leur orientation, en concordance avec la structure générale de la région, se retrouve à peu de distance dans les contours polygonaux d'Agrippa, de Godin, de Rhæticus, de la mer des Vapeurs. Donc ces fissures, bien que tracées à travers la surface unie d'une nappe solidifiée, ne sont point le résultat de l'action de la pesanteur sur cette nappe. Leur présence révèle le jeu invisible des compartiments submergés. Elle décèle des efforts de traction, exercés au cours même de la période volcanique sur des fragments étendus de l'écorce sous-jacente. La même remarque s'applique au Mur Droit, rattaché par sa direction au même groupe que la veine médiane d'Alphonse, aux veines de la mer du Froid, parallèles aux limites du massif des Alpes, à la crevasse médiane de Petavius, parallèle à deux côtés du cadre extérieur (*fig. 41*).

Par contre, on est fondé à parler d'un sectionnement rectiligne à la fois récent et superficiel, à propos des enceintes secondaires qui se sont formées à l'intérieur de Gassendi, d'Atlas, de Posidonius, d'Hercule. Leur dessin anguleux est une réédition locale et affaiblie d'un état de choses autrefois général (*fig. 50, 51*).

De l'origine du réseau rectiligne.--D'après l'ensemble des faits astronomiques et géologiques, la Terre a traversé trois grandes phases nettement différentes: une période de fluidité totale, une période de solidification superficielle, une période aqueuse. Dans cette dernière phase, la constitution et l'aspect du sol sont principalement déterminés par l'eau qui le recouvre ou s'y précipite. Presque toutes les causes que nous voyons à l'oeuvre aujourd'hui en dérivent et tendent à effacer le relief.

Sur la Lune l'eau fait défaut actuellement et elle n'a pas laissé de traces d'une intervention active dans le passé. La nappe océanique et la couverture sédimentaire sont absentes. Il suit de là que la Lune est particulièrement propre à nous apprendre comment la solidification s'est accomplie et comment s'est effectué le passage de la première période à la seconde.

Plus petit, notre satellite a évolué plus vite: mais depuis longtemps déjà la permanence y règne à un tel degré que les traits les mieux visibles de la surface lunaire peuvent être comparables, par leur âge, aux plus anciens accidents du sol terrestre. La dernière période de destruction traversée a été celle de la formation des cirques. Ses ravages n'ont pas été tels que l'état immédiatement antérieur ne puisse être reconstitué avec une probabilité très élevée.

Il y a eu, dans notre opinion, une époque où tous les accidents de la surface de la Lune se partageaient entre deux types: le type arctique, plaines quadrangulaires encadrées de cordons saillants (*fig. 46*), le type équatorial formé de losanges assemblés, sans dépression notable du centre des cases. Il est facile d'imaginer la transition de l'un à l'autre, en supposant que les cordons perdent graduellement leur relief et se transforment en sillons irréguliers. Le problème consiste maintenant à expliquer comment l'une ou l'autre de ces formes a pu dériver de l'état initial le plus vraisemblable, par le jeu régulicr des lois physiques.

Les planètes et leurs satellites ont commencé par être fluides dans toute leur masse. Leur forme sphérique le démontre et jamais, croyons-nous, une contestation sérieuse ne s'est élevée sur ce point. Tant que cet état persiste, la surface de la planète, constamment renouvelée, dissipe dans l'espace une quantité de chaleur bien supérieure à celle qui est reçue du Soleil. C'est à la surface que se produit le refroidissement le plus actif et que les scories doivent se former tout d'abord.

Que deviennent les îlots ainsi constitués? Ici, la divergence des théories se manifeste. Les uns (Lord Kelvin, MM. King et Barus, etc.) veulent que les particules solidifiées plongent à l'intérieur, où elles reprennent bientôt l'état liquide sous l'influence d'une température plus haute. Ainsi s'effectue un brassage prolongé qui tend à établir dans toute la masse une température à peu près uniforme à un moment donné, mais décroissante avec le temps. Pour nombre de substances, la compression favorise le passage à l'état solide. C'est donc au centre, où les pressions sont plus fortes, que la solidification commence, pour se propager ensuite vers la surface. Dans ce système, la Lune est totalement solidifiée; la Terre l'est aussi, sauf des poches de lave relativement insignifiantes, qui donnent lieu aux éruptions volcaniques.

La thèse opposée, plus en faveur près des géologues (Suess, de Lapparent, Sacco, etc.), admet que, dans l'état de fluidité, les matériaux se sont disposés par ordre de densité croissante, en allant de la surface au centre. Les substances peu denses sont ainsi les plus exposées au refroidissement. Plusieurs d'entre elles, à l'exemple de l'eau, se dilatent par la solidification. Elles vont donc former une croûte solide graduellement épaissie. Le retour à l'état liquide sera pour elles une rare exception, bien que la partie fluide doive prédominer longtemps encore par sa masse. La conductibilité des roches pour la chaleur est, en effet, si faible que la solidification totale d'une planète, par l'extérieur, semble devoir réclamer autant ou plus de temps que l'extinction du Soleil.

Nous avons indiqué, au Chapitre VII de ce Livre, diverses raisons qui tendent à faire limiter à un petit nombre de myriamètres l'épaisseur de la croûte terrestre, c'est-à-dire de la couche où la rigidité des matériaux s'oppose aux courants de convection. La Lune fournit à l'appui de la même thèse des arguments d'un autre ordre, mais qui sont bien loin d'être négligeables.

Les traits anciens du relief lunaire rentrent dans un plan mieux défini et plus régulier que celui des chaînes de montagnes terrestres. Nous y trouvons comme élément essentiel des fractures disposées en séries parallèles, avec de faibles dénivellations. L'intervalle de deux fractures consécutives n'est jamais qu'une petite fraction du rayon lunaire. Là où cette structure s'efface, on voit sans peine que sa disparition est due à des éruptions volcaniques ou à d'abondants épanchements liquides qui ont nivelé la surface.

Cette figure est précisément celle que nous devons nous attendre à rencontrer dans l'hypothèse d'une écorce mince et non malléable. Quand la variation des forces extérieures tend à imposer à la masse fluide une nouvelle figure d'équilibre, satisfaction est donnée à cette tendance par la formation de crevasses successives rendant possible la flexion de l'écorce, ainsi qu'on peut l'observer sur les glaciers. Si la flexion ainsi réalisée n'est pas suffisante, le liquide intérieur comprimé déborde par les crevasses et les oblitère. L'intervalle d'une fissure à l'autre sera du même ordre que l'épaisseur de la croûte et variera dans le même sens. Entre les deux lèvres d'une même fissure, la différence de niveau sera toujours moindre que l'épaisseur de la croûte, car elle ne saurait lui devenir égale sans que le fragment inférieur ne soit inondé. Ce n'est plus alors un sillon que l'on observe, mais une terrasse, comme celles dont le Mur Droit nous offre l'exemple le plus net.

Avec le temps, les nappes épanchées se figent, l'épaisseur de la croûte augmente, les ruptures deviennent plus rares et plus espacées, mais aussi peuvent donner lieu à des inégalités plus fortes. Enfin, l'écorce devient tellement résistante qu'elle ne cède plus qu'accidentellement sur des points faibles, où se forment des cheminées volcaniques. Il semble aujourd'hui que l'ère des conflits soit close. Nous ne voyons plus sur la Lune aucune nappe liquide qui trahisse un épanchement récent, ni même aucun espace un peu notable qui n'ait reçu et gardé des dépôts éruptifs.

Les choses se passeront tout autrement dans la théorie de Lord Kelvin, qui fait croître le noyau solide à partir du centre. Cet accroissement s'effectue grain par grain, avec lenteur et régularité, comme celui dont les couches stratifiées de l'écorce terrestre sont le résultat. Toute la masse acquiert une température presque uniforme, voisine du point de solidification. Tant que la nappe liquide est assez abondante pour couvrir toute la surface, elle se dispose à chaque instant suivant les exigences de l'isostase. On n'aperçoit aucun motif pour que la figure du noyau s'écarte d'une surface de niveau répondant à la valeur moyenne de la pesanteur, c'est-à-dire d'un sphéroïde très uni.

A la vérité, la nappe liquide, diminuant toujours, laissera émerger des portions d'abord très petites, puis de plus en plus grandes de ce noyau solide. Mais quelle cause invoquera-t-on pour faire naître, soit sur les îlots, soit sur les continents, un relief brusque et accidenté? Ce ne sera point la réaction du liquide intérieur, que la théorie a justement pour objet de supprimer. Ce ne sera pas davantage l'érosion, puisque les bassins lunaires n'ont nulle part le caractère de vallées ouvertes. La contraction par refroidissement, déjà trouvée à peine suffisante dans la première théorie pour expliquer le relief terrestre, nous échappe ici, puisque la période antérieure a eu pour effet nécessaire d'amener le globe entier à une température uniforme et médiocrement élevée, celle de la solidification des minéraux.

Reste, pour expliquer le relief lunaire, l'action des forces extérieures émanant du Soleil ou de la Terre. Il est clair que ces forces, agissant sur toutes les particules du globe solide, varient d'une manière lente et continue. Si la limite de résistance est dépassée, la déformation s'accomplira par voie de fissures et de glissements intéressant toute la masse du globe et non pas seulement des écailles superficielles. Nous n'avons aucune chance de voir apparaître une agglomération dense de montagnes abruptes et de vallées profondes.

Enfin, si l'on admet que la solidification porte en dernier lieu sur une mince couche superficielle, on ne voit pas à quel réservoir s'alimenteront les nombreuses et abondantes éruptions volcaniques dont la Lune a été le théâtre. On ne s'explique pas la présence de ces nappes unies qui couvrent le fond des mers et des cirques et qui attestent des solidifications lentement opérées, à des niveaux qui diffèrent de plusieurs milliers de mètres.

Que l'on envisage, au contraire, la réaction d'une grande masse fluide sur une écorce relativement mince et hétérogène, la température peut monter vers le centre à des chiffres très élevés, la contraction par refroidissement reprend le rôle principal dans l'établissement du relief, les inégalités locales de la croûte n'ont plus d'autre limite que son épaisseur, l'alimentation ultérieure des volcans est largement assurée; l'élément périodique que les marées introduisent dans la déformation fait apparaître comme probable la prédominance de deux directions principales dans l'alignement des cassures.

Divergence dans les modes d'évolution respectifs de la Terre et de la Lune. Conclusion.--Tout ce qui précède nous conduit à regarder la surface solide comme formée au début par la jonction de bancs assez minces de scories flottantes. On ne voit pas qu'une différence notable doive être établie à cet égard entre les deux planètes.

Cette croûte mince, fragile, peu cohérente, subira des vicissitudes plus fortes sur la Lune, en raison de l'ampleur des marées que l'attraction de la Terre y provoque. Le fluide interne, encore peu comprimé et presque toujours libre de ses mouvements, s'enflera périodiquement. Deux séries de cassures apparaîtront, les unes parallèles au front de l'onde de marée, les autres suivant la direction des courants principaux que ces marées déterminent.

Sous cette double sollicitation, l'écorce se partage en cases quadrangulaires, dont les frontières forment des cicatrices alternativement ouvertes et refermées. Le tracé de ces frontières est ample, voisin d'un grand cercle, comme celui des ondes de marée quand elles trouvent peu de résistance. La croûte solide gagne en épaisseur par l'action du refroidissement et surtout par la solidification des nappes épanchées. Elle exerce une pression croissante sur le fluide intérieur, l'amène à l'état visqueux et rend ses déplacements plus difficiles. En même temps les marées tendent à s'éteindre, à mesure que l'égalité s'établit entre les durées de rotation et de révolution de la Lune. La période de formation des crevasses apparaît donc comme limitée. Il semble, en fait, qu'elle était déjà sur son déclin quand la période volcanique s'est ouverte. Très peu de cirques se montrent partagés en deux par une fissure. Très peu de sillons anciens, dépendant d'un système rhombique, ont échappé à une destruction partielle par les dépôts éruptifs. Les seules crevasses restées nettes et fraîches sont celles qui sont tracées en plaine à travers des épanchements récents. Elles semblent toutefois révéler les mouvements tardifs des compartiments submergés, dont elles reproduisent les orientations.

La Terre a traversé, cela n'est guère douteux, une transformation analogue, moins active en raison de l'ampleur moindre des marées, plus prolongée en raison de la marche lente du refroidissement. Le sectionnement de l'écorce a dû suivre, quelque temps au moins, la même marche, mais les cases primitives ont été plus effacées sur la Terre, à la suite de la formation des nappes océaniques et sédimentaires, qu'elles ne l'ont été sur la Lune par les éruptions volcaniques. La prédominance de deux directions principales a cependant laissé sur notre globe des traces nombreuses, par exemple le contour anguleux des plateaux archéens, la terminaison des continents en pointe vers le Sud, le parallélisme des rivages de l'Atlantique, la similitude de l'Amérique du Sud et de l'Afrique, les coudes brusques des grandes vallées et des lignes de faîte en pays de montagnes, la succession des failles en séries parallèles. Il y a là des indices concordants d'une structure indépendante des dépôts stratifiés, antérieure à leur formation, établie sur un plan plus géométrique et plus large.

Le sectionnement de l'écorce en cases n'a été que le point de départ d'une nouvelle série de déformations. La première écorce cohérente correspond à une figure d'équilibre relatif actuelle. Cette figure se modifie, avec le temps, sous l'influence de causes diverses: changement dans la position des pôles, variation de la vitesse angulaire et, par suite, du régime des marées, contraction du globe entier par refroidissement.

Si nous savions quelle a été la série des positions occupées par les pôles de la Lune, par quelles valeurs a passé la vitesse angulaire, nous serions à même d'évaluer, d'une manière approximative, l'effet des deux premières causes. Mais toutes les hypothèses que l'on peut faire à ce sujet sont très hasardées. Il y a seulement lieu de penser, d'après l'abondance plus grande des nappes épanchées dans la région équatoriale, qu'il y a eu, avant la dessiccation définitive, augmentation de la vitesse angulaire et allongement du demi-axe tourné vers la Terre. Ces deux effets sont d'ailleurs indiqués comme probables par la théorie; mais, d'après la sphéricité actuelle de la Lune, ils ne semblent pas avoir été très intenses.

Au contraire, en ce qui concerne la contraction par refroidissement, nous ne pouvons douter qu'elle n'ait agi. Plus sûrement encore que pour la Terre, elle a été le facteur principal de déformation, car l'hétérogénéité de la croûte, le poids des sédiments, invoqués comme causes additionnelles pour suppléer à l'insuffisance présumée de la contraction, n'interviennent ici que dans une mesure très réduite. Mais la contraction entraînera, dans les deux cas, des conséquences fort différentes.

L'écorce terrestre, obligée par son poids de demeurer appliquée sur un noyau qui s'amoindrit, forme des séries de plis parallèles, reconnaissables dans le relief extérieur de plusieurs contrées, très apparents dans la disposition onduleuse des couches stratifiées et intéressant même les roches primitives. Ainsi, quand deux fragments contigus de l'écorce sont pressés l'un contre l'autre, chacun d'eux arrive à se plisser, en quelque sorte sur place, jusqu'à une profondeur considérable. A la surface ces plis ne peuvent acquérir un bien grand relief sans se coucher ou se renverser, parce que la pesanteur a vite raison de la ténacité de la croûte. Il n'y a pas toutefois disproportion excessive entre les deux forces et des écarts assez grands, par rapport aux surfaces de niveau, pourront être réalisés.

Supposons maintenant la pesanteur réduite à la sixième partie de sa valeur, ainsi qu'il arrive sur la Lune, et nous devons nous attendre à observer un tout autre mode de déformation.

Deux masses flottantes, épaisses de 3000m à 6000m et fortement pressées l'une contre l'autre n'arriveront plus à se plisser. L'espace manquant peut être regagné au prix d'un moindre travail et la pesanteur se trouve vaincue avant la résistance moléculaire.

Il y aura d'abord effacement du sillon intermédiaire, qui pourra être remplacé par une ligne saillante à la suite de l'écrasement des bords venus en contact plus intime. On voit ainsi naître le type arctique, observable au voisinage du pôle Nord de la Lune et réalisé aussi par voie artificielle dans les expériences de M. Hirtz[16].

> **Note 16:** (retour) *Reproduction expérimentale de plissements lithosphériques*, par M. Hirtz (*Comptes rendus de l'Académie des Sciences*, t. CXLIII, p. 1167).

La poussée latérale continuant à s'exercer dans le même sens, l'un des fragments en conflit, pouvant embrasser une série de cases adjacentes, se dénivelle, s'incline et surmonte l'obstacle. Nous obtenons ainsi une large bande en saillie, doucement inclinée du côté d'où la pression est venue, terminée par une pente rapide du côté où la pression se dirige. Cette structure monoclinale et dissymétrique est, comme il est facile de s'en convaincre, celle de la plupart des massifs montagneux de la Lune, mis en évidence par de fortes différences de niveau.

La frange débordante, soumise à de violents efforts et placée en porte-à-faux, ne subsistera souvent qu'à l'état de blocs disjoints comme ceux des Alpes et du Caucase. La partie recouverte, fortement surchargée, s'enfonce dans le liquide où elle flottait, d'une quantité égale ou supérieure à sa propre épaisseur. Elle offre donc un domaine tout préparé pour l'invasion des épanchements internes, et toutes les chances seront pour qu'elle se transforme en mer. C'est au pied même de la bordure montagneuse que la dépression sera la plus forte, comme l'indiquent, de nos jours encore, la présence de taches obscures ou d'ombres locales.

Fig. 27[17].

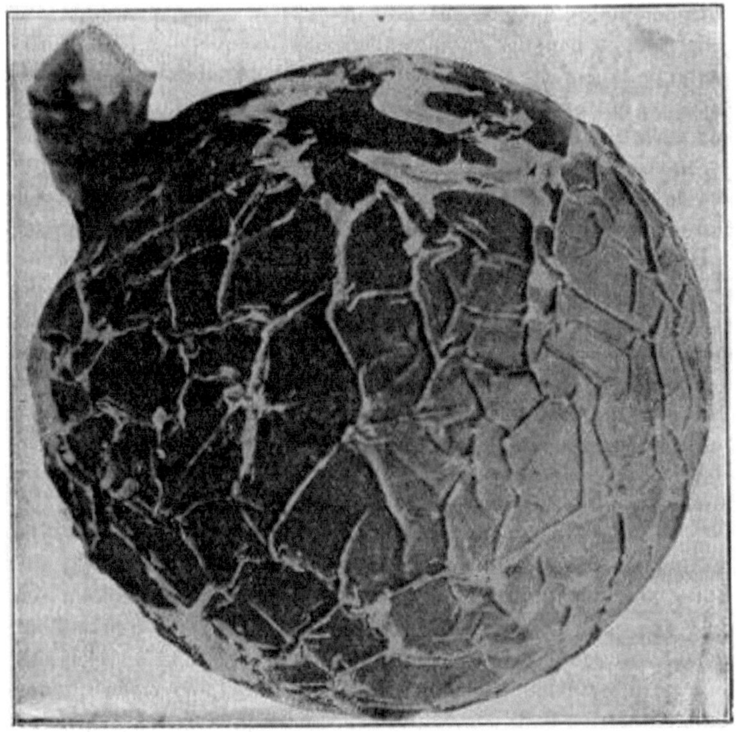

Reproduction artificielle du type lunaire arctique, par M. Hirtz.
Déformations obtenues par le dégonflement d'une sphère creuse élastique recouverte de paraffine.

Note 17: (retour) Cette figure est extraite d'un travail de M. Hirtz paru dans les *Comptes rendus de l'Académie des Sciences*, t. CXLIII, p. 1167.

Au point où nous sommes parvenus, le relief lunaire peut être considéré comme constitué dans ses grands traits, déjà fort différents de ceux que la Terre pouvait offrir dans la période correspondante. L'atténuation de la pesanteur, principalement responsable du contraste, intervient aussi pour donner un tout autre caractère à la période volcanique qui va suivre. C'est elle encore qui, en laissant s'échapper de la Lune l'eau et l'atmosphère, y a clos par avance, en quelque sorte, ces mémorables chapitres d'histoire dont la Géologie fait son objet principal et que notre satellite semble destiné à ne jamais connaître.

FIN.

TABLE DES MATIÈRES.

LA LUNE.

Chapitre VIII.--La configuration de la Lune étudiée par les méthodes graphiques et micrométriques. Les Cartes lunaires.

Chapitre IX.--La genèse du globe lunaire et les conditions physiques à sa surface.

Chapitre X.--La figure de la Lune étudiée sur les documents photographiques. Les traits généraux du relief.

Chapitre XI.--Les cirques lunaires et les principales théories sélénologiques.

Chapitre XII.--L'intervention du volcanisme dans la formation de l'écorce lunaire.

Chapitre XIII.--Les formes polygonales sur la Lune.

Chapitre XIV.--Témoignage apporté par la Lune dans le problème de l'évolution des planètes.

FIN DE LA TABLE DES MATIÈRES.

Paris.--Imprimerie GAUTHIER-VILLARS, quai des Grands-Augustins, 55.

FIG. 28.--Les cirques Messier et Messier A. (Soleil levant.) Agrandissement d'un cliché obtenu à l'Observatoire de Paris, le 19 mars 1907.]

FIG. 29.--Messier et Messier A. (Soleil couchant.)
Agrandissement d'un cliché obtenu à l'Observatoire de Paris, le 26
octobre 1904.

190

FIG. 30.--Répartition des mers sur la Lune.
Réduction d'un cliché obtenu à l'Observatoire de Paris, le 30 septembre 1901.

FIG. 31.--Un cirque lunaire. (Théophile.)
Agrandissement d'un cliché obtenu à l'Observatoire de Paris, le 16
février 1899.

FIG. 32.--La Mer des Crises.
Agrandissement d'un cliché obtenu à l'Observatoire de Paris, le 10 septembre 1900.

FIG. 33.--La Mer du Nectar.
Agrandissement d'un cliché obtenu à l'Observatoire de Paris, le 16 février 1899.

FIG. 34.--La Mer des Humeurs.
Agrandissement d'un cliché obtenu a l'Observatoire de Paris, le 14 novembre 1899.

FIG. 35.--La Mer de la Tranquillité.
Agrandissement d'un cliché obtenu à l'Observatoire de Paris, le 16 février 1899.

On remarquera sur cette épreuve: au-dessus du centre la double fissure de Sabine, suivant le contour de la mer; à droite du centre, le cirque Arago, accompagné de deux intumescences.

FIG. 36.--Les Apennins lunaires.
Agrandissement d'un cliché obtenu à l'Observatoire de Paris, le 5 avril 1903.

FIG. 37.--Le Caucase et les Alpes lunaires.
Agrandissement d'un cliché obtenu à l'Observatoire de Paris, le 5
avril 1903.

FIG. 38.--Copernic.
Agrandissement d'un cliché obtenu à l'Observatoire de Paris, le 2 février 1896.

FIG. 39.--Janssen.
Agrandissement d'un cliché obtenu à l'Observatoire de Paris, le 16
février 1899.

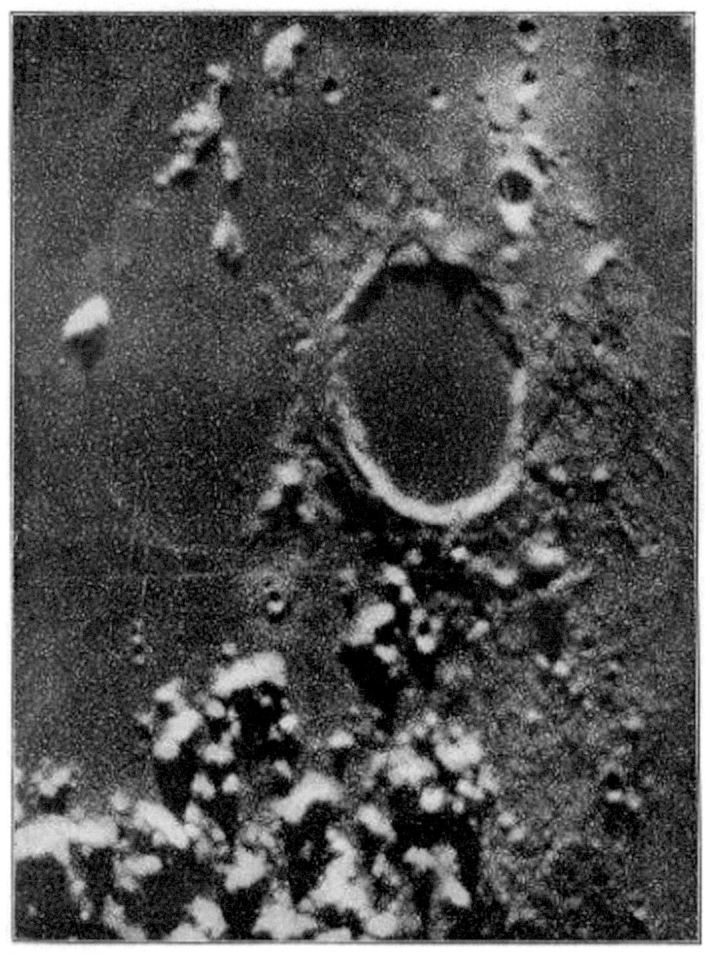

FIG. 40.--Platon.
Agrandissement d'un cliché obtenu à l'Observatoire de Paris, le 25
octobre 1899.

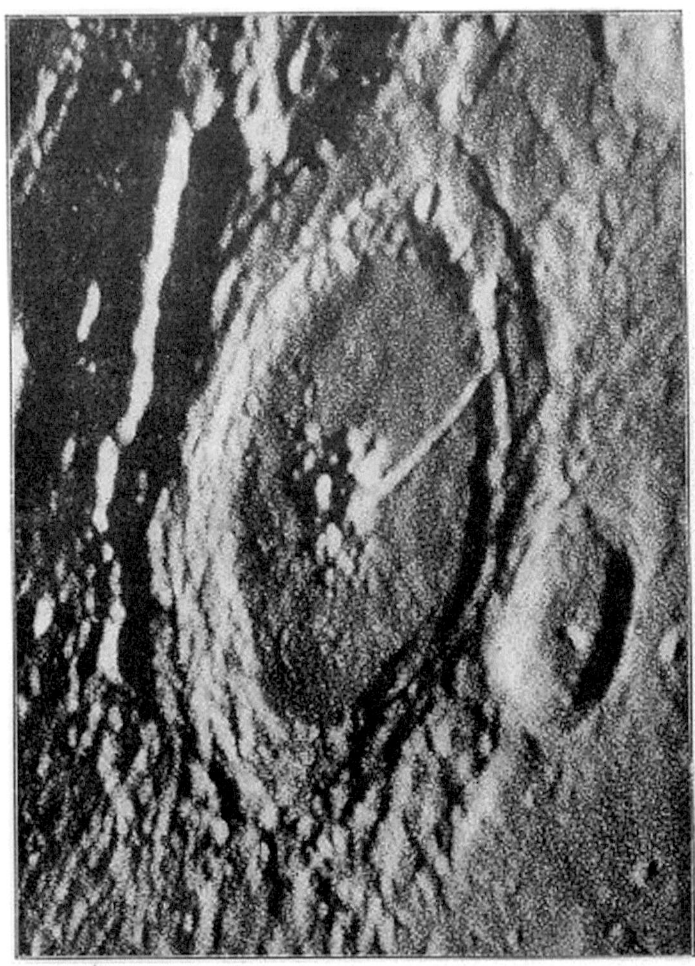

FIG. 41.--Petavius.

Agrandissement d'un cliché obtenu à l'Observatoire de Paris, le 10 septembre 1900.

On remarquera la fissure médiane, la double enceinte et, à la partie supérieure de l'épreuve, un plateau saillant en forme de losange.

202

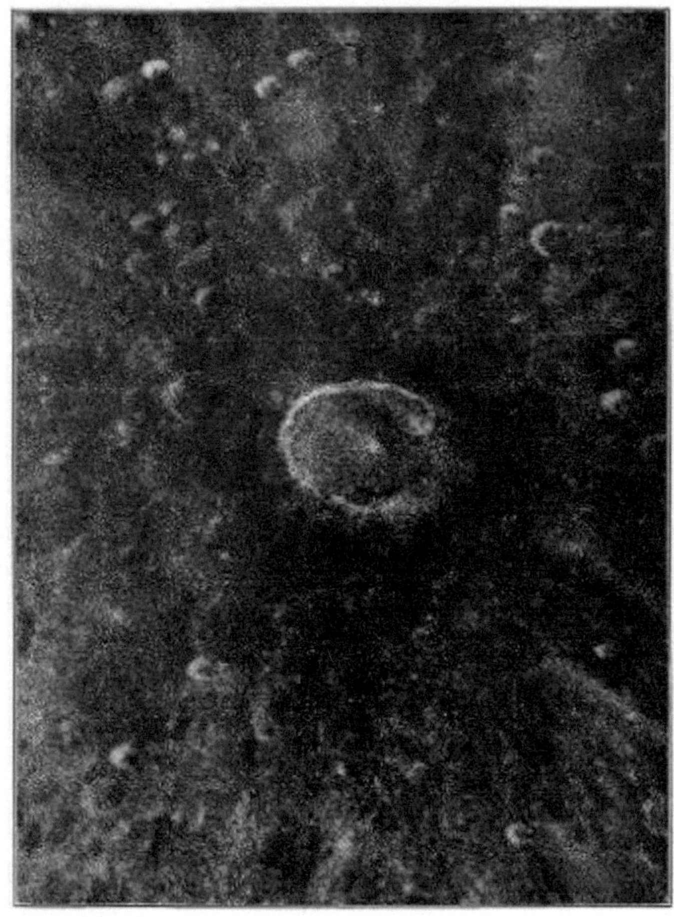

FIG. 42.--Auréole sombre de Tycho.
Agrandissement d'un cliché obtenu à l'Observatoire de Paris, le 10 septembre 1900.
Comparer avec la figure 33, où la même auréole est visible en même temps que l'ensemble des traînées brillantes.

FIG. 43.--Sillons et encadrements rectilignes autour de Herschel, Albategnius, Arzachel.
Agrandissement d'un cliché obtenu à l'Observatoire de Paris, le 5 avril 1903.

FIG. 44.--Le Mur Droit et la région environnante.
Agrandissement d'un cliché obtenu à l'Observatoire de Paris, le 8
février 1900.

FIG. 45.--Sillon formant tangente commune intérieure aux contours d'Almanon et d'Albufeda.
Agrandissement d'un cliché obtenu à l'Observatoire du Paris, le 17 février 1899.

FIG. 46.--Plaines encadrées de cordons saillants (type arctique).
Région de Méton, Euctemon.
Agrandissement d'un cliché obtenu à l'Observatoire de Paris, le 26 mars 1901.

FIG. 47.--Clavius, Heinsius, les digues de Tycho.
Agrandissement d'un cliché obtenu à l'Observatoire de Paris, le 23 février 1896.

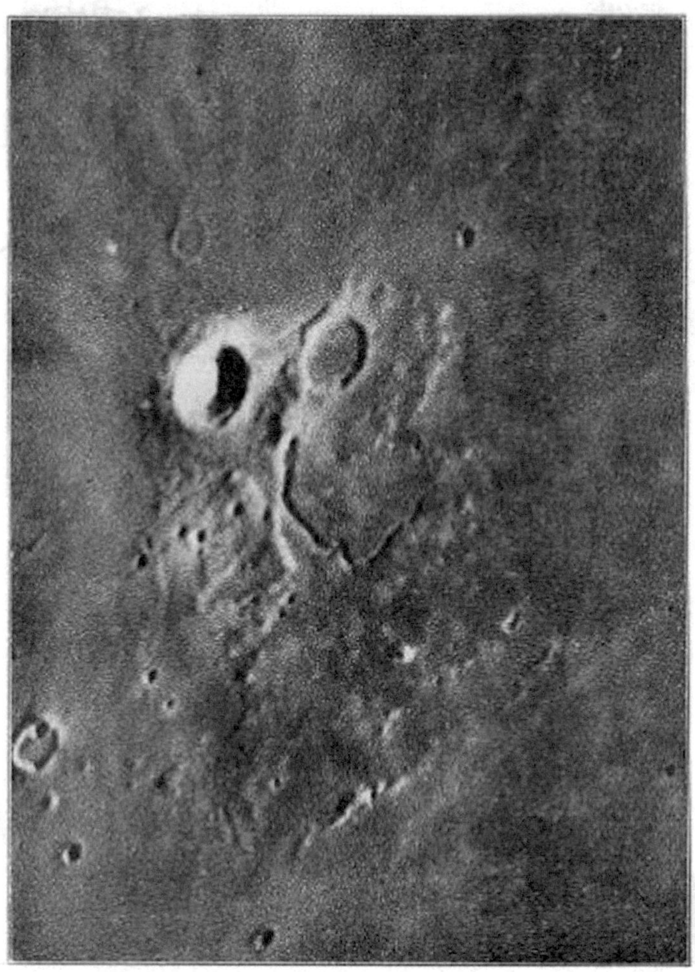

FIG. 48.--Aristarque.
Agrandissement d'un cliché obtenu à l'Observatoire de Paris, le 4 septembre 1904.
La région attenante, limitée par un parallélogramme, se distingue de la mer par une teinte plus sombre.

FIG. 49.--Bloc montagneux entre Hippalus et Ramsden.
Agrandissement d'un cliché obtenu à l'Observatoire de Paris, le 3
septembre 1904.
Ce bloc, visible à la partie supérieure de l'épreuve, a gardé à peu
près intacte son enceinte en losange.

FIG. 50.--Gassendi et la Mer des Humeurs.
Agrandissement d'un cliché obtenu à l'Observatoire de Paris, le 23
juillet 1897.

FIG. 51.--Posidonius.
Agrandissement d'un cliché obtenu à l'Observatoire de Paris, le 26
avril 1898.

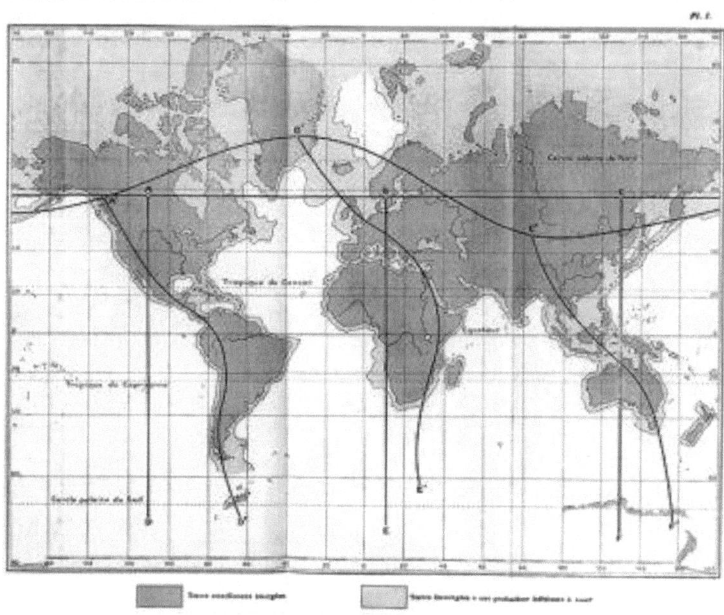

Position des arêtes du tétraèdre terrestre d'après MM. Lowthian Green et de Lapparent. AD, BE, CF sont les positions que l'on est conduit à donner aux arêtes méridiennes, quand on veut se conformer à la symétrie polaire. A'D', B'E', C'F' sont les positions de ces arêtes après torsion et rupture; ce tracé répond mieux au relief actuel. Dans l'un et l'autre cas les arêtes, en apparence parallèles, convergent dans le voisinage du pôle Sud. On a figuré, avec les simplifications exigées par l'échelle de la Carte, la ligne des rivages après un abaissement fictif de 2000m dans le niveau des mers. Cette ligne ne peut être tracée, faute de renseignements suffisants, au nord de l'Amérique et de l'Asie.

Agrandissement

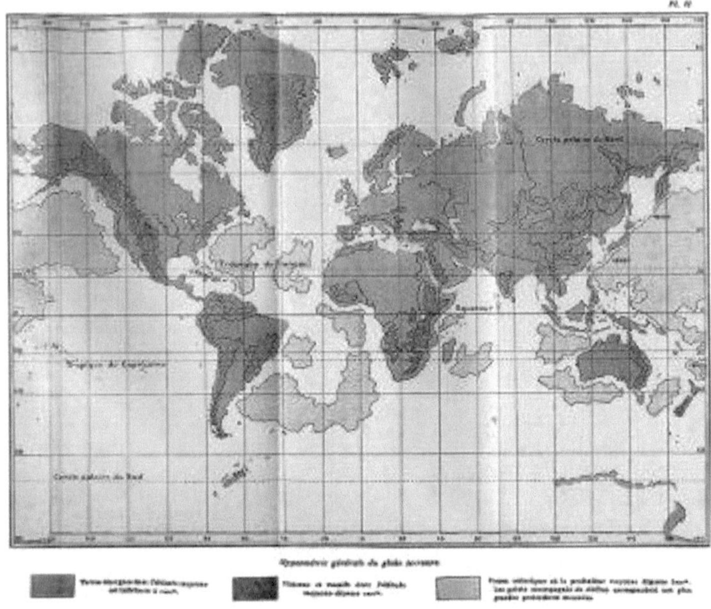

Agrandissement